事物掌故丛谈

校订本 ㈡

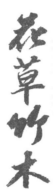

花草竹木

杨荫深 编著

上海辞书出版社

序

花草竹木种类之多，真是不胜枚举。本书非植物全书，自然不能尽述；所述者，不过日常所见而已。然而各地风土不同，或在南方为常见而在北方则少有，或为北方所习闻而为南方所未知，这种惟有采取折中办法，约略分述。又如关于果木之类，其花其木，亦有可采，只以本丛书另有《谷蔬瓜果》，在那里已经叙述的，在这里便不再重录，故如梅杏桃李、石榴芙蕖等，其花皆为前人所称赏，这里皆未曾提及，阅者鉴之！

以言花草竹木的掌故，亦惟略述此诸植物的由来而已。本书明非植物学或园艺造林学之类，故于形态栽培，不能详述，其性质一如本丛书的《谷蔬瓜果》。大抵《谷蔬瓜果》专载吾人日常所食的植物，本书则专重于观赏及实用的植物，虽间有数种亦可供食，然其重要部分还在于观赏及实用。药草一项，虽亦为吾人日常所见植物，究系性质特殊，且学涉专门，故本书概未叙述，仅芝参一类，以向来认为仙物神品，略加谈及。本书内容，大抵如此，挂一漏万，自知不免，幸阅者教正，不胜感甚！

杨荫深　一九四五年四月八日

目录 CONTENTS

一 牡丹芍药

Peony

百花齐放

牡丹向称为花王，然其花于古未闻，六朝时亦极少见，至唐宋始为人所推崇，如明王象晋《群芳谱》云：

牡丹一名『鹿韭』，一名『鼠姑』，一名『百两金』，一名『木芍药』，秦汉以前无考，自谢康乐始言永嘉水际竹间多牡丹，而《刘宾客嘉话录》谓北齐杨子华有画牡丹，则此花之从来旧矣。唐开元中，天下太平，牡丹始盛于长安。逮宋惟洛阳之花为天下冠，一时名人高士如邵康节、范尧夫、司马君实、欧阳永叔诸公，尤加崇尚，往往见之咏歌。洛阳之俗，大都好花，阅《洛阳风土记》可考镜也。

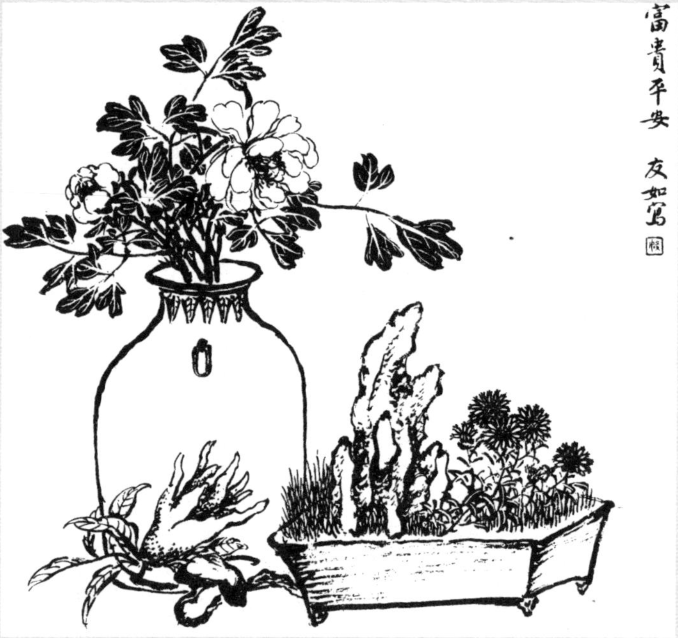

牡丹

牡丹实为我国原产，大约古时未加注意，故不见于载籍。至鹿韭、鼠姑、百两金之名，均见于《本草》，未详其义。

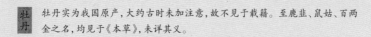

然牡丹实为我国原产，大约古时未加注意，故不见于载籍。至鹿韭、鼠姑、百两金之名，均见于《本草》，未详其义。牡丹亦不过示其花为丹色而已，别无意义。至木芍药据宋郑樵《通志·昆虫草木略》云：

古今言木芍药是牡丹。崔豹《古今注》云：『芍药有二种，有草芍药，有木芍药。木者花大而色深，俗呼为牡丹，非也。』安期生《服炼法》云：『芍药有二种，有金芍药，有木芍药。金者色白多脂，木者色紫多脉。』此则验其根也。然牡丹亦有木芍药之名，其花可爱如芍药，宿枝如木，故得木芍药之名。芍药著于三代之际，风雅之所流咏也。牡丹初无名，故依芍药以为名，亦如木芙蓉之依芙蓉以为名也。牡丹晚出，唐始有闻，贵游趋竞，遂使芍药为落谱衰宗。

是因其花如芍药，且为木本，故得此名。但崔氏以为与原来的木芍药不同；郑氏却疑古所谓木芍药，确即牡丹，因为古时无牡丹名称，至后始有其名。今植物学家亦说草本者为芍药，木本者为牡丹，是两花实在相似的。

至唐宋时贵游推尚牡丹的情形，可阅当时人的载籍，以见其盛况的一斑。如李肇《唐国史补》云：

京城贵游尚牡丹三十余年矣。每春暮，车马若狂，以不耽玩为耻。执金吾铺官园外寺观种以求利，一本有直数万者。

又如唐康骈《剧谈录》云：

京国花卉之辰，尤以牡丹为上。至于佛宇道观，游览者罕不经历。慈恩浴堂院有花两丛，每开及五六百朵，繁艳芬馥，近少伦比。有僧思振常话会昌中朝士数人寻芳，遍诣僧室。时东廊院有白花可爱，相与倾酒而坐，因云牡丹之盛，盖亦奇矣。然世之所玩者，但浅红深紫而已，竟未识红之深者。院主老僧微笑曰：『安得无之，但诸贤未见尔。』于是从而诘之，经宿不去，云：『上人向来之言，当是曾有所睹，必希相引寓目，春游之愿足矣。』僧但云：『昔于他处一逢，盖非辇毂所见。』及旦，求之不已，僧方露言曰：『众君子好尚如此，贫道又安得藏之？今欲同看此花，但未知不泄于人否？』朝士作礼而誓云：『终身不复言之。』僧乃自开一房，其间施设幡像，有板壁遮以旧幕。幕下启开而入，至一院，有小堂两间，颇甚华洁，轩庑栏槛，皆是柏材。有殷红牡丹一窠，婆娑几及千朵。初旭才照，露华半晞，浓姿半开，炫耀心目。朝士惊赏留恋，及暮而去。僧曰：『予保惜栽培近二十年矣。无端出语，使人见之，从今已往，未知何如耳。』信宿，有权要子弟与亲友数人，同来入寺，至有花僧院，从容良久，引僧至曲江闲步。将出门，令小仆寄安茶笈，裹以黄帕，于曲江岸藉草而坐。忽有弟子奔走而来云：『有数十人入院掘花，禁之不止。』僧俯首无言，唯自吁叹。坐中但相盼而笑。既而却归，至寺门，见以大畚盛花舁而去。取花者因谓僧曰：『窃知贵院旧有名花，宅中咸欲一看，不敢预有相告，盖恐难于见舍。适所寄笼子中，有金三十两，蜀茶二斤，以为酬赠。』

为了一窠牡丹，竟至设计偷掘，亦可见当时人爱好之甚了。至如裴度至死犹欲一视，如唐李冗《独异志》所云：

裴晋公度寝疾永乐里，暮春之月，忽遇游南园，令家仆僮舁至药栏，语曰：『我不见此花而死，可悲也。』怅然而返。明早，报牡丹一丛先发，公视之，三日乃薨。

尤属奇闻。至宋时邵伯温《闻见前录》云：

洛中风俗尚名数，虽公卿家不敢事形势，人随贫富自乐，于货利不急也。岁正月，梅已花，二月桃李杂花盛，三月牡丹开。于花盛处作园囿，四方伎艺举集。都人士女载酒争出，择园亭胜地上下池台间，引满歌呼，不复问其主人。抵暮游花市，以筠笼卖花。虽贫者亦戴花饮酒相乐。

简直成为一种令节了。欧阳修《洛阳牡丹记》亦云：

洛阳之俗大抵好花，春时城中无贵贱皆插花，虽负担者亦然。花开时，士庶竞为遨游，往往于古寺废宅有池台处，为市井张幄帟，笙歌之声相闻。最盛于月陂堤、张家园、棠棣坊、长寿寺、东街与郭令宅，至花落乃罢。

则又俨如花市了。此外宋人品定牡丹种类实繁，如朱弁《曲洧旧闻》云："欧公作《花品》，目所经见者才二十四种，后于钱思公屏上得牡丹凡九十余种。……张珣撰谱三卷，凡一百一十九品。……大观政和以后，花之变态又有在珣所谱之外者。"此犹指宋时而言的，已达一百余种。至明薛凤翔作《亳州牡丹表》，则竟达二百六十九种之多，内又分神品、名品、灵品、逸品、能品、具品六类，可谓尽牡丹的品种了。至此类品种，欧阳修以为姚黄第一，魏花第二，他在《洛阳牡丹记》中云：

牡丹之名，或以氏，或以州，或以地，或以色，或旌其所异者而志之。姚黄、左花、魏花，以姓著。青州、丹州、延州红，以州著。细叶粗叶寿安、潜溪绯，以地著。一擫红、鹤翎红、朱砂红、玉板白、多叶紫、甘草黄以色著。献来红、添色红、九蕊真珠、鹿胎花、倒晕檀心、莲花萼、一百五、叶底紫，皆志其异者。姚黄者，千叶黄花，出于民姚氏家。此花之出，于今未十年。姚氏居白司马坡，其地属河阳，然花不传河阳传洛阳，亦不甚多，一岁不过数朵。……魏家花者，千叶肉红花，出于魏相仁溥家。始樵者于寿安山中见之，斫以卖魏氏。魏氏池馆甚大，传者云，此花初出时，人有欲阅者，人税十数钱，乃得登舟渡池至花所。魏氏日收十数缗。其后破亡鬻其园，今普明寺后林池乃其地。寺僧耕之，以植桑麦。花传民家甚多，人有数其叶者，云至七百叶。钱思公尝曰：『人谓牡丹花王，今姚黄真可为王，而魏花乃后也。』

然此种品评，要亦为欧公游戏之作，未可定论，录之以示当时人对牡丹的爱好而已。亦可知花王之说，实始于宋。又牡丹有“天香国色”之号，此称乃始于唐，李正封诗有：“天香夜染衣，国色朝酣酒。”当时以为传牡丹诗最得神者，见《全唐诗话》。宋周必大的天香堂，明周王的国色园，皆为植牡丹而起这样名称的。此外又有“富贵花”之称，宋周敦颐《爱莲说》所谓：“牡丹，花之富贵者也。”

与牡丹相似的有“芍药”，此在上古已有之，《诗·溱洧》所谓：“伊其相谑，赠之以勺药。”李时珍《本草纲目》以为：“芍药犹婥约也。婥约美好貌，此草花容婥约，故以为名。”宋罗愿《尔雅翼》则云：“制食之毒者宜莫良于芍药，故独得药之名。”盖古有芍药之酱，合之于兰桂五味，以助诸食。如汉枚乘《七发》“芍药之酱”，司马相如《子虚赋》“芍药之和”，皆用作调食。今医家亦以其根入药用，有利小便下气止痛散血之效。

芍药在《本草》又有别名，云一名“白木”，一名“余

牡丹

牡丹有“天香国色”之号，此称乃始于唐，李正封诗有：“天香夜染衣，国色朝酣酒。”……此外又有“富贵花”之称，宋周敦颐《爱莲说》所谓：“牡丹，花之富贵者也。”

容”，一名“犂食”，一名“解仓”，一名“铤生”。此殆用于药中，故名称如是其繁。此外又有“可离”之称，盖由《诗》“赠之以勺药”一语而来。晋崔豹《古今注》云：“牛亨问曰，将离别相赠以芍药者何？曰，芍药一名可离，故将别以赠之；亦犹相招召赠之以文无，文无亦名当归也。”

芍药与牡丹不同的地方，诚如宋苏颂《本草图经》所云：

芍药春生红芽作丛，茎上三枝五叶，似牡丹而狭长，高一二尺。夏初开花，有红白紫数种。结子似牡丹子而小。

芍药至宋时顿减声色，以有牡丹故也。据宋陆佃《埤雅》云："芍药华有至千叶者，俗呼小牡丹。今群芳中牡丹品第一，芍药第二，故世谓牡丹为花王，芍药为花相，又或以为花王之副也。"然当时扬州芍药，实闻名于天下，该地人士的爱好，亦无异于洛阳的牡丹。宋王观曾作《芍药谱》云：

今洛阳之牡丹，维扬之芍药，受天地之气以生，而小大浅深，一随人力之工拙而移其天地所生之性，故奇容异色，间出于人间。花品旧传龙兴寺山子、罗汉、观音、弥陀之四院，冠于此州。其后民间稍稍厚赂，以丐其本，壅培治事，遂过于龙兴之四院。今则有朱氏之园最为冠绝，南北二圃，所种几于五六万株，意其自古种花之盛，未之有也。朱氏当其花之盛开，饰亭宇以待来游者，逾月不绝，而朱氏未尝厌也。扬之人与西洛不异，无贵贱皆喜戴花，故开明桥之间，方春之月，拂旦有花市焉。州宅旧有芍药厅，在都厅之后，聚一州绝品于其中，不下龙兴朱氏之盛。往岁州将召移，新守未至，监护不密，悉为人盗去，易以凡品，自是芍药厅徒有其名尔。

至他谱中所列，凡旧收三十一品（按：即刘攽《芍药谱》），新收八品，皆起以新名，如冠群芳、赛群芳、宝妆成、尽天工之类。然此种品评，诚如王氏所说："花之名品，时或变易。"所以这里也不一一引录了。

此外芍药又有"婪尾春"之称，如宋陶穀《清异录》云：

胡嶠诗曰：『瓶里数枝婪尾春。』时人罔喻其意，桑维翰曰：『唐末文人有谓芍药为婪尾春者。婪尾酒乃最后之杯，芍药殿春，亦得故名。』

又宋刘攽《芍药谱》云："昔有猎于中条山，见白犬入地，掘得一草乃芍药，故谓芍药为白犬。"那未免有些妄诞。至如沈括《梦溪补笔谈》所云：

韩魏公庆历中以资政殿学士帅淮南，一日后园中有芍药一干分四岐，岐各一花，上下红，中间黄蕊间之。当时扬州芍药未有此一品，今谓之『金缠腰』是也。公异之，开一会，欲招四客以赏之，以应四花之瑞。时王岐公为大理评事通判，王荆公为大理评事佥判，皆召之。尚少一客，以州钤辖诸司使官最长，遂取以充数。明日早衙，钤辖者或申状暴泄不至，尚少一客，命以过客历求一朝官足之。过客中无朝官，唯有陈秀公时为大理寺丞，遂命同会。至中筵，剪四花，四客各簪一枝，甚为盛集。后三十年间，四人皆为宰相。

这真是巧合，无怪名之为“金缠腰”了。

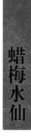

二 蜡梅水仙

Winter Sweet and Narcissus

蜡梅本非梅属，诚如宋范成大《梅谱》所云："蜡梅本非梅类，以其与梅同时而香又相近，色酷似蜜脾，故名蜡梅。"或作腊梅，实非，明王世懋《花疏》所谓："蜡梅是寒花绝品，人言腊时开，故以腊名，非也，为色正似黄蜡耳。"盖蜡乃象其花色，非关腊时开的。

蜡梅于古未闻，所以宋周紫芝《竹坡诗话》云："东南之有蜡梅，盖自近时始，余为儿童时，犹未之见。元祐间，鲁直诸公方有诗，前此未尝有赋此诗者。"其实不仅东南，即北方亦复如此，如王直方《诗话》云："蜡梅山谷初见之，戏作二绝，缘此盛于京师。"可知京师在此以前也未得盛的。但蜡梅耐寒，则北地栽培当较南方为早，而南方之有蜡梅，或由北地移植过来的。惟据明徐光启《农政全书》云："蜡梅多生南方，今北方亦有之。"则似为南方而移植于北方，不知确否？又明陈继儒《岩栖幽事》云："考蜡梅原名黄梅，故王安国熙宁间尚咏黄梅诗。至元祐间，苏黄命为蜡梅。山谷谓京洛间有一种香气如梅类，女工撚蜡所成，故以名之。"则蜡梅之名，似为苏轼黄庭坚辈所命，然云“女工撚蜡所成”，颇为可疑，岂此蜡乃伪造的？至蜡梅的种类，据范成大《梅谱》云有三种，他说：

蜡梅凡三种，以子种出不经接，花小香淡，其品最下，俗谓之『狗蝇梅』。经接花疏，虽盛开，花常半含，名『磬口梅』，言似僧磬之口也。最先开，色深黄如紫檀，花密香浓，名『檀香梅』，此品最佳。蜡梅香极清芳，殆过梅香，初不以形状贵也。

与蜡梅同为宋人所清赏的，尚有“水仙”。王世懋《花疏》以为：“其物得水则不枯，故曰水仙，称其名矣。前接蜡梅，后迎江梅，真岁寒友也。”按：唐段成式《酉阳杂俎》云：“柰祇出拂林国，根大如鸡卵，叶长三四尺似蒜，中心抽条。茎端开花六出，红白色，花心黄赤，不结子，冬生夏死，取花压油，涂身去风气。”李时珍《本草纲目》以为：“据此形状，与水仙仿佛，岂外国名不同耶？”然此花唐时确已有之，如唐薛用弱《集异记》云：

薛蘇河东人，幼时于窗棂内窥见一女子，素服珠履，独步中庭，叹曰：『良人游学，艰于会面，对此风景，能无怅然。』于袖中出画兰卷子，对之微笑，复泪下吟诗，其音细亮。闻有人声，遂隐于水仙花中。忽一男子，从兰中出曰：『娘子久离，必应相念，阻于跬步，不啻万里。』亦歌诗一篇，歌已仍入丛兰中。蘇苦心强记，惊讶久之，自此文藻异常，一时传诵，谓二花为夫妇花。

此虽神话，但可以证明唐时已有水仙花了。惟见诸赋咏，则实始于宋。宋高似孙有《水仙花赋》，序称："水仙花非花也，幽楚窈眇，脱去埃滓，全如近湘君、湘夫人、离骚大夫与宋玉诸人。世无能道花之清明者，辄见乎辞。"后之咏水仙的，往往以水中的女仙相比拟，以示其高洁脱尘。此外水仙又有"金盏银台"之称，考宋杨万里咏《千叶水仙花》序云：

世以水仙为『金盏银台』，盖单叶者其中有一酒盏，深黄而金色。至千叶水仙其中花片卷皱密蹙，一片之中，下轻黄而上淡白，如染一截者，与酒杯之状殊不相似，安得以旧日俗名辱之？要之单叶者当命以旧名，而千叶者乃真水仙云。

又有“女史花”“姚女花”之称，如《内观日疏》云：

姚姥住长离桥，十一月夜半大寒，梦观星坠于地，化为水仙花一丛，甚香美，摘食之，觉而产一女。长而令淑有文，固以名焉。观星即女史，在天柱下，故迄今水仙花名『女史花』，又名『姚女花』。

则未免是神话了。至今蜡梅与水仙，往往为新年案头的清供，此风宋时亦有，惟似不限于新年。如宋楼钥《咏蜡梅水仙》云：“二姝巧笑出兰房，玉质檀姿各自芳。品格雅称仙子态，精神疑著道家黄。宓妃漫诧凌波步，汉殿徒翻半额妆。一味真香清且绝，明窗相对古冠裳。”至明则此风更盛，明张谦德《瓶花谱》所谓冬间别无嘉卉，仅有水仙、蜡梅、梅花数种而已。此时极宜敞口古尊罍插贮，须投以硫黄少许，可不冻裂。一法用淡肉汁去浮油入瓶，则花悉开，而瓶略无损云。

三 辛夷玉兰

Magnolia

辛夷亦作“辛雉”，据李时珍《本草纲目》云：“夷者荑也，其苞初生如荑而味辛也。扬雄《甘泉赋》云：辛雉于林薄。服虔注云即辛夷，雉夷声相近也。”又据唐陈藏器《本草拾遗》云：“辛夷花未发时，苞如小桃子有毛，故名侯桃。初发如笔头，北人呼为木笔。其花最早，南人呼为迎春。”按：迎春实非辛夷。辛夷乃乔木，高至二三十尺，迎春乃小灌木，高仅数尺，并不相同。据李时珍云：

辛夷花初出枝头，苞长半寸而尖锐，俨如笔头，重重有青黄茸毛顺铺，长半分许，及开则似莲花，而小如盏。紫苞红焰，作莲及兰花香。亦有白色者，人呼为『玉兰』。

按：玉兰亦微异于辛夷，说详后。至迎春如李氏云：

迎春花丛生，高者二三尺，方茎厚叶，叶如初生小椒叶而无齿，面青背淡，对节生小枝，一枝三叶。正月初开小花，状如瑞香，花黄色，不结实。

亦可见其不同的地方。辛夷古即采其苞入药，据《名医别录》云："温中解肌，利九窍，通鼻塞，治面肿，引齿痛。"迎春则古所未用，且歌咏之者，仅唐白居易有两首，宋韩琦、刘敞亦有咏及，余则并无所闻。可知此花并不为人所注意，或如陈氏之误为辛夷，所以自来只知有辛夷，而不知有迎春了。辛夷花之最爱好者，大约要推唐诗人王维了，他在辋川别墅中，有辛夷坞，这是全栽辛夷而命名的。他的《辛夷坞》诗云："木末芙蓉花，山中发红萼。涧户寂无人，纷纷开且落。"芙蓉花即指

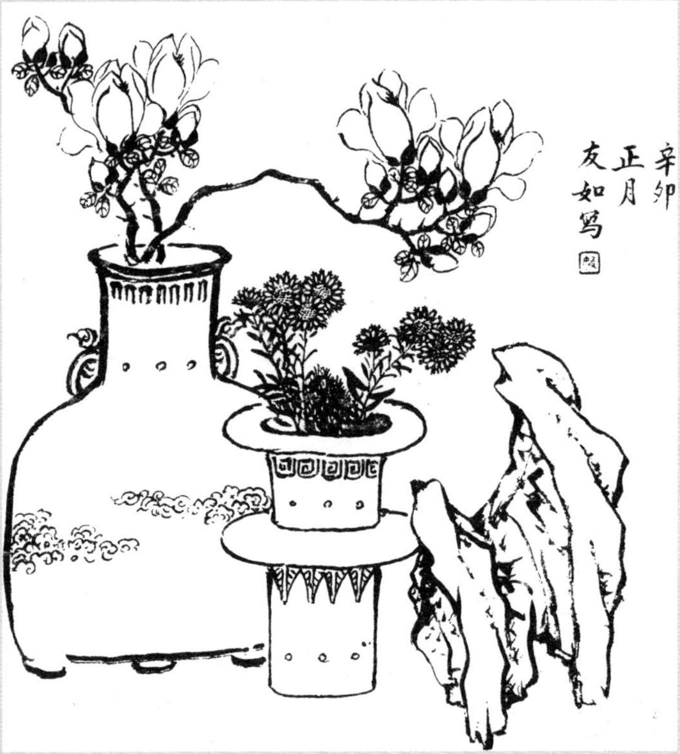

玉兰 玉兰之得名，诚如明王象晋《群芳谱》云：“花九瓣，色白微碧，香味似兰，故名。”

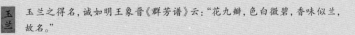

莲花，盖辛夷花似莲，故云。

至于玉兰，略似辛夷，而实非一类。惟前人又以玉兰为迎春的，如明王世懋《读史订疑》云：

余兄尝言玉兰花古不经见，岂木笔之新变耶？余求其说而不得，近与元驭学士对坐，偶阅《苕溪渔隐》曰：『《感春诗》辛夷花高最先开，洪庆善注云：辛夷树高，江南地暖，正月开；北地寒，二月开。初发如笔，北人呼为木笔。其花最早，南人呼为迎春。余观木笔迎春，自是两种，木笔色紫，迎春色白；木笔丛生，二月方开，迎春高树，立春已开。然则辛夷乃此花耳。』其言如此，恍然有悟，今之玉兰，即宋之迎春也，亟呼元驭曰：『兄知玉兰古何名，乃迎春也。』元驭疾应曰：『果然，昨岭南一门生来，见玉兰曰，此吾地迎春花，何此名为玉兰？其奇合如此，乃知迎春是本名，此地好事者美其花，改呼玉兰，而岭南人尚仍其旧耳。』据《丛话》言，玉兰是迎春，迎春即辛夷，即木笔也。然今北方有木笔而绝无玉兰，则王摩诘辛夷坞果是何花？岂古有之而今绝种耶？第花以辛名，今玉兰嚼之辛，而木笔不然，又似苕溪之说为是。夫玉兰之为辛夷，未可定，而其本名为迎春，则自今日始知也。尝恨山川草木鸟兽之名，古今不合，多如此类，是故恶夫改者。近阅宋小说又有名为白辛夷者，则木笔当为辛夷，而迎春白辛夷玉兰本名审矣。

按：以玉兰即迎春，此与辛夷即迎春，皆由于其花形相似而均早开所致误。今植物学家将此三花，均不属一类。实则玉兰似辛夷，皆为乔木，高至二十尺许。且玉兰之得名，诚如明王象晋《群芳谱》云："花九瓣，色白微碧，香味似兰，故名。"迎春则花仅六瓣，色黄，与玉兰不同。然玉兰之名，确为古所未闻，而名始于明时，故王氏之兄（按：即王世贞）以为"古不经见"。大约此三花古殆不分，而以辛夷名为最古，至唐则有迎春，再至于明，复有玉兰。今植物学家以辛夷玉兰，同属木兰科，迎春则属素馨科。

四 蔷薇玫瑰

Roses

蔷薇本作“墙靡”，李时珍《本草纲目》以为：“此草蔓柔靡，依墙援而生，故名。其茎多棘刺勒人，牛喜食之，故有山刺、牛勒诸名。其子成簇而生如营星然，故谓之营实。”盖蔷与薇，原本为草菜之名，蔷是水蓼，薇即薇菜。后又以墙靡上各加艹头，又由艹头而别写蔷薇。

蔷薇的花，上古所未闻，大约始于汉时。贾氏《说林》有云：

汉武帝与丽娟看花，时蔷薇始开，态若含笑。帝曰：『此花绝胜佳人笑也。』丽娟戏曰：『笑可买乎？』帝曰：『可。』丽娟遂取黄金百斤，作买笑钱奉帝，为一日之欢。蔷薇名『买笑』，自丽娟始。

其说不知可信否？然蔷薇之见于载籍，要以此为最古了。至蔷薇的种类颇多，如明王象晋《群芳谱》云：

> 蔷薇藤身丛生，茎青多刺，喜肥，但不可多。花单而白者更香，结子名『营实』，堪入药。其类有『朱千蔷薇』（赤色多叶，花大叶粗，最先开）、『荷花蔷薇』（千叶，花红状似荷花）、『刺梅堆』（千叶，色大红如刺绣所成，开最后）、『五色蔷薇』（花亦多而叶小，一枝五六朵，有深红浅红之别）、『黄蔷薇』（色蜜花大，韵雅态娇，紫茎条条，繁夥可爱，蔷薇上品也）、『淡黄蔷薇』『鹅黄蔷薇』（易盛难久）、『白蔷薇』（类玫瑰），又有紫者，黑者，肉红者，粉红者（名『粉团』），四出者，重瓣厚叠者，长沙千叶者。开时连春接夏，清馥可人，结屏甚佳。别有『野蔷薇』号野客，雪白粉红，香更郁烈。法于花卸时播去其蒂，花发无已，如生莠虫，以鱼腥水浇之，倾银炉灰撒之，虫自死。他如宝相，金钵盂，佛见笑，七姊妹，十姊妹，体态相类，种法亦同。

蔷薇

蔷薇本作“墙靡”，李时珍《本草纲目》以为：“此草蔓柔靡，依墙援而生，故名。其茎多棘刺勒人，牛喜食之，故有山刺、牛勒诸名。其子成簇而生如营星然，故谓之营实。”

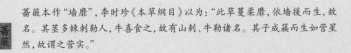

以蔷薇为露，亦为香水之一，此法我国古所未知，王氏以为："出大食国，番名阿剌吉，洒衣经岁，其香不歇。"大食即今阿拉伯，可知传自该地的。而唐冯贽《云仙杂记》云："柳宗元得韩愈所寄诗，先以蔷薇露灌手，熏玉蕤香后发读，曰：大雅之文，正当如是。"是唐时已有用之了。

与蔷薇相似则有"玫瑰"。然玫瑰之名，字从玉旁，实为奇异。宋戴埴《鼠璞》以为应作梅槐，他说：

玫瑰从有似蔷薇而异。其花叶稍大者，时人谓之枚櫰，实语讹强名也，当呼为梅槐，在灰部韵，音回。案：《江陵记》云：『洪亭村下有梅槐树，尝因梅与槐合生，遂以名之。』今似蔷薇者，得非分枝条而演引哉？至今叶形尚处梅槐之间，取此为证，不乃近乎？且未见枚櫰之义也，直使便为玫瑰字，岂百花中独珍是耶？取象于玫瑰耶？瑰亦音回，不音瓌；其瑰字音瓌者是琼瑰，音回者是玫瑰，字书亦有证也。

盖玫瑰本为一种美珠，故字从玉旁。司马相如《上林赋》有“其石则赤玉玫瑰”。今花名玫瑰，或如《群芳谱》所谓：“玫瑰，美珠也，今花中亦有玫瑰，盖贵之，因以为名。”恐未必如戴氏所说，由梅槐合生所演引的。

玫瑰亦汉时始有，《西京杂记》载有：“乐游苑中自生玫瑰树。”然在他书中则绝少记载，诗人亦少歌咏之者，唐惟唐彦谦徐夤，宋惟杨万里一人而已。《本草纲目》亦未见录及，岂其花叶皆不堪入药的？据《群芳谱》云：

玫瑰一名徘徊花，灌生，细叶多刺类蔷薇。茎短。花亦类蔷薇，色淡紫，青橐黄蕊，瓣末白，娇艳芬馥，有香有色，堪入茶入酒入蜜。栽宜肥土，常加浇灌。性好洁，最忌人溺，溺浇即萎。燕中有黄花者，稍小于紫。嵩山深处有碧色者。

按：紫色今通称“红玫瑰”，又有一种白色称“白玫瑰”。其用途诚如《群芳谱》中所说，“堪入茶入酒入蜜”，酒即玫瑰酒，蜜即玫瑰酱，其制法如《群芳谱》所说：

采初开花，去其橐蕊并白色者，取纯紫花瓣，捣成膏，白梅水浸少时，顺研，细布绞去涩汁，加白糖再研极匀，磁器收贮任用，最香甜，亦可印作饼。晒干收用全花，白梅水浸去涩汁，蜜煎亦可食。

此外又如蔷薇，可制为香水，今所谓玫瑰香水，实较蔷薇应用为更广的。

又有“月季花”亦与蔷薇相类，别名更多。《群芳谱》云：“月季花一名长春花，一名月月红，一名斗雪红，一名胜春，一名瘦客。青茎长蔓，叶小于蔷薇。花有红白及淡红三色，逐月一开，四时不绝，花千叶厚瓣，亦蔷薇之类也。”此花惟宋人有歌咏者，宋以前则未有所闻。

五 海棠茉莉

Begonias and Jasmines

海棠据唐李德裕《平泉花木记》云："凡花木以海为名者，悉从海外来，如海棠之类是也。"是海棠传自海外，而形似棠，故得此名。此花唐以前殊无记载，虽《山海经·中山经》有"岷山其木多海棠"，恐非其类。然海棠确起自蜀地，岷山在蜀，岂古时原有而不为人所知吗？按：宋沈立《海棠记序》云：

蜀花称美者，有海棠焉，然记牒多所不录，盖恐近代有之。尝闻真宗皇帝御制后苑杂花十题，以海棠为首章，赐近臣唱和，则知海棠足与牡丹抗衡，而可独步于西州矣。因搜择前志，惟唐相贾元靖耽著《百花谱》，以海棠为花中神仙，诚不虚美。是亦言海棠为其时所有，于古无闻。盖自唐宋诸人题咏以后，此花乃大显于世，为人重视。

海棠品类甚多，通常则有四种，如明王象晋《群芳谱》云：

海棠有四种，皆木本。『贴梗海棠』（丛生单叶，枝作花磬口，深红无香，不结子，新正即开。亦有四季花者，花五出，初极红如胭脂点点然，及开则渐成缬晕，至落则若宿妆残粉矣），『垂丝海棠』（树生柔枝长蒂，花色浅红，盖由樱桃接之而成，故花梗细长似樱桃。其瓣丛密，而色娇媚，重英向下，有若小莲），『西府海棠』（枝梗略坚，花色稍红），『木瓜海棠』（生子如木瓜可食）。

此外尚有一种“秋海棠”，一名八月春，草本，花色粉红甚娇艳。海棠普通仅有色而无香，所以贾耽以为花中神仙，惟沈立《海棠记》云：“嘉州色香并胜。大足治中旧有香霏阁，号曰海棠香国。”此则可谓例外。然其后各地海棠亦有香的，未必限于嘉州一地，大约这于种类颇有些关系。此种香海棠，可以充茶，如明孔迩《云蕉馆记谈》云：

明昇在重庆，取浮江青蟆石为茶磨，令宫人以武隆雪锦茶碾之，焙以大足县香霏亭海棠花，味倍于常。海棠无香，独此地有香，焙茶尤妙。

海棠唐宋诗人歌咏甚多，惟杜甫独未一及。杜居于蜀累年，其他吟咏殆遍，因此人颇为怪，据宋王禹偁《诗话》云："杜子美避地蜀中，未尝有一诗说著海棠，以其生母名海棠也。"则不知确否？

同样传自外国的，则有茉莉。茉莉乃其译音，故其字古书中各有写法，如李时珍《本草纲目》云：

> 末利原出波斯，移植南海，今滇广人栽莳之。嵇含《南方草木状》作『末利』，《洛阳名园记》作『抹厉』，佛经作『抹利』，《王龟龄集》作『没利』，《洪迈集》作『末丽』。盖末利本胡语，无正字，随人会意而已。

今则通作茉莉。《群芳谱》云：

茉莉有草本者，有木本者，有重叶者，惟宝珠小荷花最贵。此花出自暖地，性畏寒喜肥，壅以鸡粪，灌以燖猪汤或鸡鹅毛汤，或米泔，开花不绝，六月六日以治鱼水一灌愈茂，故曰：『清兰花，浊茉莉，勿安床头，恐引蜈蚣。』一种红者色甚艳，但无香耳。又有『朱茉莉』，其色粉红，有千叶者，初开花时，心如珠，出自四川。

《本草纲目》则云："其花皆夜开，芬香可爱，女人穿为首饰，或合面脂。亦可熏茶，或蒸取液，以代蔷薇水。"按：以之熏茶，即今所谓"香片"。

与茉莉相似的又有素馨，古称"耶悉茗"，晋嵇含《南方草木状》云：

耶悉茗花末利花，皆胡人自西国移植于南海，南人怜其芳香竞植之。陆贾《南越行纪》曰：『南越之境，五谷无味，百花不香，此二花特芳香者，缘自别国移至，不随水土而变，与夫橘北为枳，异矣。彼之女子，以彩丝穿花心，以为首饰。』

盖亦传自海外的。据唐段成式《酉阳杂俎》云:“野悉蜜出拂菻国(即东罗马帝国——编者注),亦出波斯国。”《本草纲目》以为:“素馨谓之耶悉茗花,即《酉阳杂俎》所载野悉蜜花也。枝干袅娜,叶似末利而小,其花细瘦四瓣,有黄白二色。采花压油泽头,甚香滑也。”是耶悉茗野悉蜜均译其音,素馨乃后人所定的名,以其色素白而又馨香的缘故罢!

六 凤仙鸡冠

Garden Balsam and Cockscombs

凤仙亦名“指甲花”，又有“好女儿”“菊婢”“羽客”等称，如明李时珍《本草纲目》云：

> 其花头翅尾足俱具，翘然如凤状，故以名之。女人采其花及叶，包染指甲；其实如小桃，老则迸裂；故有『指甲』『急性』『小桃』诸名。宋光宗李后讳凤，宫中呼为『好女儿花』。张宛丘呼为『菊婢』，韦居呼为『羽客』。

此外明高濂《草花谱》又称“金凤花”。至徐光启《农政全书》云一名“夹竹桃”，恐误。按：夹竹桃乃灌木，与凤仙为草本者不同。且夹竹桃如王象晋《群芳谱》所云：“花五瓣长筒，瓣微尖，淡红娇艳类桃花，叶狭长类竹，故名。”凤仙则如《本草纲目》所载，大有分别。据云：

凤仙人家多种之，极易生。二月下子，五月可再种。苗高二三尺，茎有红白二色，其大如指，中空而脆。叶长如尖似桃柳叶，而有锯齿。桠间开花，或黄或白或红或紫或碧或杂色，亦自变易，状如飞禽，自夏初至秋尽，开谢相续。结实累然，大如樱桃。其形微长，色如毛桃，生青熟黄，犯之即自裂。皮卷如拳，苞中有子似萝卜子而小，褐色。人采其肥茎汋酏以充莴笋，嫩叶酒浸一宿亦可食；但此草不生虫蠹，蜂蝶亦不近，恐亦不能无毒也。

凤仙花之见于载籍，始于唐时。唐吴仁璧有咏《凤仙花》，诗云："香红嫩绿正开时，冷蝶饥蜂两不知。此际最宜何处看，朝阳初上碧梧枝。"余人则无歌咏记载者，可知其时尚鲜。宋时咏者稍多，晏殊、欧阳修、杨万里均有《金凤花》诗，大约其时又称为金凤罢！惟皆咏其颜色，未有说及可染指甲的。宋末周密《癸辛杂识》始云：

凤仙花红者用叶捣碎，入明矾少许在内。先洗净指甲，然后以此傅甲上，用片帛缠定过夜。初染色淡，连染三五次，其色若胭脂，洗涤不去，可经旬，直至退甲方渐去之。或云此亦守宫之法，非也。今回回妇人多喜此，或以染手并猫狗为戏。

是知此法或始于南宋，而传自回回的。按：凤仙系东印度原产，其传入中国，当在唐时。守宫即壁虎，古时有饲以朱砂，则体赤可捣汁点女人肢体，终年不灭，惟房事则褪，故有守宫之名。凤仙自与守宫不类故周氏云尔。

又据宋僧赞宁《物类相感志》云:“枳实煮鱼则骨软,或用凤仙花子。”李时珍因此说:“凤仙子其性急速,故能透骨软坚。庖人烹鱼肉硬者,投数粒即易软烂,是其验也。”又可以治咽中骨鲠,亦以其能软骨的缘故。又《群芳谱》云:“取凤仙插瓶,用沸水或石灰入汤,可开半月。”这大约也有些原因的。

也以花状得名的尚有“鸡冠”。《本草纲目》云:

鸡冠处处有之,三月生苗,入夏高者五六尺,矬者才数寸。其叶青柔,颇似白苋菜而窄,艄有赤脉。其茎赤色,或圆或扁,有筋起。六七月梢间开花,有红白黄三色。其穗圆长而尖者,俨如青葙之穗;扁卷而平者,俨如雄鸡之冠。花大有围一二尺者,层层卷出可爱。子在穗中,黑细光滑,与苋实一样。其穗如秕麦状,花最耐久,霜后始蔫。

又据《群芳谱》云:“鸡冠有扫帚鸡冠,有扇面鸡冠,有缨络鸡冠,又有一朵而紫黄各半名鸳鸯鸡冠,又有紫白粉红三色一朵者,又有一种五色者,最矮名寿星鸡冠。”

鸡冠之见于歌咏者,亦始于唐。唐罗邺有《鸡冠花诗》,云:“一枝浓艳对秋光,露滴风摇倚砌旁,晓景乍看何处似?谢家新染紫罗囊。”按:鸡冠亦为东印度原产,其传入我国或亦始于唐时。又据宋袁褧《枫窗小牍》云:“汴中谓之洗手花,中元节前儿童唱卖以供祖先。”则宋时又称为“洗手花”的。洗手之意不明,岂以其花可作洗手之用吗?据唐陈藏器《本草拾遗》云:“鸡冠子治止肠风泻血赤白痢。”今人亦以赤痢用赤鸡冠,白痢用白鸡冠,煎酒服,颇有灵效,而未闻与手有何关系的。至祭供祖先,大约是为应时节而已,今已无此风了。

七 木犀芙蓉

Osmanthuses and Hibiscuses

木犀今又称为桂，其实木犀与桂不同，如宋范成大《桂海虞衡志》云：“桂，南方奇木，上药也。桂林以地名，地实不产，而出于宾宜州。凡木叶心皆一纵理，独桂有两纹，形如圭，制字者意或出此。”又宋张邦基《墨庄漫录》云：“木犀花江浙多有之，清芬沤郁，余花所不及也。湖南呼九里香，江东曰岩桂，浙人曰木犀，以木纹理如犀也。”盖桂多产于南方，木犀则生于江浙及中部。又桂古亦称梫，《尔雅》“梫木桂”，据注谓：“桂厚皮者为木桂。”宋陆佃《埤雅》以为：“梫者侵他木毙之，《吕氏春秋》云，桂枝之下无杂木，盖桂味辛螫故也。”桂因有辛气的缘故，所以古常与姜椒并称，以为调味之用，而木犀则其花饶有香味，并无所谓辛气的。据晋嵇含《南方草木状》云：

> 桂出合浦，生必以高山之巅，冬夏常青。其类自为林，间无杂树。交趾置桂园。桂有三种：叶如柏叶皮赤者为『丹桂』，叶似柿叶者为『菌桂』，叶似枇杷叶者为『牡桂』。

月下花千树

按：唐苏恭《本草注》云："牡桂乃《尔雅》所谓梫木桂也。亦云大桂，皮肉多而其味辛美，一名肉桂。"又云："箘桂，枝如筒，或名筒桂，小桂是也。"至丹桂据李时珍《本草纲目》云：

岩桂亦箘桂之类而稍异，其叶不似柿叶，亦有锯齿如枇杷叶而粗涩者，有无锯齿如栀子叶而光洁者。丛生岩岭间，谓之『岩桂』，俗呼为『木犀』。其花有白者名『银桂』，黄者名『金桂』，红者名『丹桂』。有秋花者，有春花者，四季花者，逐月花者。其皮薄而不辣，不堪入药，惟花可收茗浸酒盐渍，及作香茶发泽之类耳。

是实为木犀的一种，与嵇氏所说异。按：梁陶弘景《本草注》云："叶如柏叶，泽黑皮黄心赤……恐是牡桂，人多呼为丹桂，正谓皮赤尔。"则此丹桂属亦牡桂之类，与木犀之以花红称丹桂者，完全不同。此外又有"月桂"，一名"天竺桂"，明王象晋《群芳谱》云：

天竺桂即今闽粤浙中山桂，台州天竺最多。生子如莲实，或二或三，离离下垂，天竺僧称为『月桂』。其花时常不绝，枝头叶底，依稀数点，亦异种也。

关于此桂，前人传说甚多，诚如李时珍所说：

吴刚伐月桂之说，起于隋唐小说。月桂落子之说，起于武后之时。相传有梵僧自天竺鹫岭飞来，故八月常有桂子落于天竺。《唐书》亦云：『垂拱四年三月，有桂子降于台州，十余日乃止。』宋仁宗天圣丁卯八月十五夜，月明天净，杭州灵隐寺月桂子降，其繁如雨，其大如豆，其圆如珠，其色有白者黄者黑者，壳如芡实，味辛，拾以进呈。寺僧种之，得二十五株。慈云式公有序记之。张君房宿钱塘月轮寺，亦见桂子纷如烟雾，回旋成穗，坠如牵牛子，黄白相间，咀之无味。据此，则月中真若有树矣。窃谓月乃阴魄，其中婆娑者，山河之影尔。月既无桂，则空中所坠者何物耶？泛观群史，有雨尘沙土石，雨金铅钱汞，雨絮帛谷粟，雨草木花药，雨毛血鱼肉之类甚众，则桂子之雨，亦妖怪所致，非月中有桂也。

李氏认为月中无桂，可谓别具见地，惟云“妖怪所致”，则仍不免为旧说所蒙蔽了。按：吴刚伐桂，见于唐段成式《酉阳杂俎》，他说：

旧言月中有桂，有蟾蜍，故异书言月桂高五百丈，下有一人常斫之，树创随合。人姓吴名刚，西河人，学仙有过，谪令伐树。释氏书言须弥山南面有阎扶树，月过树影入月中。或言月中蟾桂，地影也，空处，水影也，此语差近。

又唐人以进士及第为折月桂，此说则实始于晋郄诜而附会之。《晋书·郄诜传》云：

诜以对策上第，拜议郎，累迁雍州刺史。武帝于东堂会送，问诜曰：『卿自以为何如？』诜对曰：『臣举贤良，对策为天下第一，犹桂林之一枝，昆山之片玉。』帝笑。

盖本为“桂林之一枝”，犹言桂的一枝而已，后乃附会为折月桂的枝了，隐含及第的非易，如折月桂的枝条。

其实月桂只是桂的一种而已，其种当自西方移来。至唐乃附会为月中之桂，造出种种神话，遂成为神秘的桂树了。

与木犀相似，亦以他树或他花为名的，则有芙蓉。芙蓉本为荷花或莲花的别称，后以此花亦如莲花，故称芙蓉，而以莲花为水芙蓉，或称此花为木芙蓉。其他别称尚多，如明李时珍《本草纲目》云：

木芙蓉花艳如荷花，故有『芙蓉』『木莲』之名。八九月始开，故名『拒霜』。俗呼为『桃皮树』，相如赋谓之『华木』，注云：『皮可为索也。』苏东坡诗云：『唤作拒霜犹未称，看来却是最宜霜。』

此外据《花史》云:"木芙蓉一日白,二日浅红,三日黄,四日深红,比落色紫,人号为文官花。"是又有"文官花"之称。惟李时珍以此为"添色拒霜花",乃芙蓉的一种。又据明王象晋《群芳谱》云:

> 木芙蓉有数种,惟大红千瓣,白千瓣,半白半桃红千瓣,醉芙蓉朝白午桃红晚大红者佳甚,黄色者种贵难得。又有四面花,转观花,红白相间。八九月间次第开谢,深浅敷荣,最耐寒,而不落不结子。总之,此花清姿雅质,独殿众芳,秋江寂寞,不怨东风,可称俟命之君子矣。

王世懋《花疏》则以:"芙蓉特宜水际,种类不同,大红最贵,最先开,次浅红,常种也,白最后开。"

芙蓉于古甚少闻,盖古以莲花为芙蓉,故如《西京杂记》所云"卓文君脸际常若芙蓉",必是莲花而非后之芙蓉。今亦有称女子脸如芙蓉者,实也应作莲花解的。又如王嘉《拾遗记》云:“汉昭帝游柳池,有芙蓉紫色,大如斗,芬气闻十里。”既在池中,更是莲花无疑。自唐宋以后,始渐以芙蓉为芙蓉,而成都之称蓉城,即传蜀主盛栽芙蓉而得名的。如《成都记》云:

孟后主于成都城上遍种芙蓉,每至秋,四十里如锦绣,高下相照,因名锦城。

但锦城实因锦江之水濯锦而名,应称为蓉城,如《蜀都杂钞》即谓“蜀城谓之芙蓉城,传自孟氏”云。此外欧阳修《归田录》云:“石曼卿去世后,其故人有见之者,云我今为仙,主芙蓉城。欲呼故人共游,不诺,忿然骑一素驴而去。”因此又以芙蓉城为仙城。又后世以罂粟花与芙蓉相似,以罂粟制鸦片,遂亦称之为“阿芙蓉”。李时珍以为:“阿为我,我似芙蓉,故名。”其实阿即鸦片,均译Opium之音的。

八 兰蕙菊华

Orchids and Chrysanthemums

兰有兰花兰草之分，古所谓兰者，大抵指兰草，今所谓兰者，则多指兰花，两种虽统称为兰，而实不同，盖兰草本名为兰，兰花乃后假以为名，其初并不名兰的。今则多只知兰花为兰，而少知兰草为兰了。惟此种分别，前人亦常有混错的。明李时珍《本草纲目》引录诸说，分析最明，兹引录如下：

兰有数种：『兰草』『泽兰』生水旁，『山兰』即兰草之生山中者。『兰花』亦生山中，与三兰迥别。兰花生近处者，叶如麦门冬而春花，生福建者叶如菅茅而秋花。黄山谷所谓『一干一花为兰，一干数花为蕙』者，盖因不识兰草蕙草，遂以兰花强生分别也。兰草与泽兰同类，故陆玑言：『兰似泽兰，但广而长节。』《离骚》言其绿叶紫茎素枝，可纫可佩可藉可膏可浴。郑诗言：『士与女，方秉蕑兮。』应劭《风俗通》言：『尚书奏事，怀香握兰。』《礼记》言：『诸侯贽薰，大夫贽兰。』《汉书》言：『兰以香自烧也。』若夫兰花，有叶无枝，可玩而不可纫佩藉浴，秉握膏焚，故朱子《离骚辨证》言：『古之香草，必花叶俱香，而燥湿不变，故可刈佩。今之兰蕙但花香而叶乃无气，质弱易萎，不可刈佩，必非古人所指甚明。古之兰似泽兰，而蕙即今之零陵香。今之似茅而花有两种者，不知何时误也。』熊太古《冀越集》

言：『世俗之兰生于深山穷谷，决非古时水泽之兰也。』陈遁斋《闲览》言：『《楚骚》之兰或以为都梁香，或以为泽兰，或以为猗兰，当以泽兰为正。今人所种如麦门冬者，名幽兰，非真兰也。故陈止斋著《盗兰说》讥之。』方虚谷《订兰说》言：『古之兰草即今之千金草，俗名孩儿菊者。今所谓兰，其叶如茅而嫩者，根名土续断，因花馥郁，故得兰名也？』杨升庵云：『世以如蒲萱者为兰，九畹之受诬久矣。』又吴草庐有《兰说》甚详，云：『兰为医经上品之药。有枝有茎，草之植者也。今所谓兰无枝无茎，因黄山谷称之，世遂谬指为《离骚》之兰。今之兰其种盛于闽。朱子闽人，岂不识其土产，而反辨析如此。世俗至今犹以非兰为兰，何其惑之难解也？』

由上所说，今之所谓兰者，实盗兰之名而非真兰。而古之兰亦作蕑，如《诗·溱洧》“士与女，方秉蕑兮”，据陆玑疏云：“即兰，香草也。”陆佃《埤雅》以为：“阑草为兰，兰阑不祥，故古者为防刈之也。一名蕑。盖兰以阑之，蕑以间之，其义一也。”此因古人以兰香谓可辟除不洁，故或佩或秉，皆属此意。又兰可以辟蠹，故多夹于书中，汉有兰台，即为藏秘书的宫观。又《琴操》称孔子“兰当为王者香”，因此后人有称兰为“王者香”的，此兰亦指兰草而非今的兰花。惟《群芳谱》云“江南以兰为香祖”，则确似兰花而非兰草了。总之兰草今惟作为药用，兰花则为观赏之用，未有入药的。今之兰花，种类亦多，诚如宋罗愿《尔雅翼》所云：

兰之叶如莎，首春则茁其芽，长五六寸。其杪作一花，花甚芬香。大抵生深林之中，微风过之，其香蔼然达于外，故曰『芝兰』。以其生深林之下，似慎独也，故称『幽兰』。江南兰只在春芳，荆楚及闽中者秋复再芳。

按：今称前者又为“春兰”，或以地名而称“杭兰”“瓯兰”，因以产于浙江杭温诸地，故名。后者又称“秋兰”，或称“建兰”，因以产福建的缘故。据明王象晋《群芳谱》云：

兰幽香清远，馥郁袭衣，弥旬不歇。常开于春初，虽冰霜之后，高深自如，故江南以兰为『香祖』。又云兰无偶，称为『第一香』。紫梗青花为上，青梗青花次之，紫梗紫花又次之，余不入品。『建兰』茎叶肥大，苍翠可爱。其叶独阔，今时多尚之。叶短而花露者尤佳。『杭兰』惟杭城有之，花如建兰，香甚，一枝一花，叶较建兰稍阔。有紫花黄心，色若胭脂；有白花黄心，色若羊脂；花甚可爱。

此外《群芳谱》中又有：“真珠兰，一名鱼子兰，色紫，蓓蕾如珠，花开成穗，其香甚浓。伊兰出蜀中，名赛兰，树如茉莉，花小如金粟，香特馥烈。风兰产温台山阴谷中，悬根而生，干短劲，花黄白似兰而细。一云此兰能催生，将产挂房中最妙。朱兰花开肖兰，色如渥丹，叶阔如柔，粤种也。”

兰的种类大抵如此。至如宋赵时庚所撰《金漳兰谱》，定其地兰花凡二十二品，则已不适用于现今，这里也不详引了。又王贵学亦有《兰谱》一书，则搜求更多，凡五十品，大抵依赵《谱》而更扩充之，其名称亦多为今所不知的。

至于蕙，古常与兰并称。宋黄庭坚（字鲁直，号山谷）《书幽芳亭》以为：“一干一华而香有余者兰，一干五七华而香不足者蕙。”则兰与蕙殊相似。但宋邵博《闻见后录》却以为非，他说：

黄鲁直云一干一花而香有余者兰，一干五七花而香不足者蕙，非也。楚人曰：『蕙今零陵香也。』又云薰，所谓一薰一莸者也。唐人但名铃铃香，亦名铃子香，取其花倒悬枝间如小铃也。』

蕙草 《群芳谱》云："蕙草一名薰草，一名香草，一名燕草，一名黄陵香，即零陵香也。今镇江丹阳皆莳而刈之，以酒洒制，芳香更烈。"

按：陆佃《埤雅》亦以蕙为薰，他说：“凡气薰则惠和，暴则酷烈，故于文惠草为蕙。”又沈括《梦溪补笔谈》云：“零陵香本名蕙，又名薰，唐人谓之铃铃香。此本鄙语，文士以湖南零陵郡，遂附会名之。”又据《群芳谱》云：

蕙草一名薰草，一名香草，一名燕草，一名黄陵香，即零陵香也。今镇江丹阳皆莳而刈之，以酒洒制，芳香更烈。生下湿地方，茎叶如麻，相对生。七月中旬开赤花甚香，黑实。江淮亦有，但不及湖岭者更芬郁耳。

是蕙与兰乃绝不相同，不过同为香草而已。大约这种蕙，又与古兰草相似，故古多以并称。后世即以兰花为兰，于是蕙亦便似兰花，如黄庭坚所说，所以明高濂《遵生八笺》，亦有："蕙叶细长，一梗八九花朵，嗅味不佳，俗名九节兰也。"是亦本黄说而想象得之，与古之所谓蕙并不相同的。今植物学家根据旧说属蕙为豆科，而兰为兰科，是亦可见其不同的地方了。

古与兰并称又有菊，本作蘜，后省作菊，亦作鞠。陆佃《埤雅》云："鞠草有花，至此而穷焉，故谓之鞠；一曰鞠如聚金鞠而不落，故名鞠，盖鞠不落花。"盖鞠有穷字之意，花事至此而穷尽，所以叫做菊。又如《礼记·月令》："季秋之月，鞠有黄华。"蔡邕《月令章句》云："鞠，草名也。有者，非所有也。黄华者，土气之所成也。季秋草木皆成，非荣华之时也，故言鞠有，明他无有也。"亦以时至秋季，百花皆不荣华，而此花独开，故含有穷尽之意。这因为古时所见的花不多，而季秋惟菊有花，所以造成这样一个名称了。若在后世，则一年之间，殆无月没有花开的。

菊的种类很多，据各书所载，如宋刘蒙《菊谱》录洛阳刘家菊有三十六种，史正志《菊谱》录吴门者有二十七种，范成大《范村菊谱》录有三十五种，此尚系个人所植及所见者而已。至明王象晋作《群芳谱》，则搜罗各地菊种共有二百七十五种，其中以黄色为最多，计九十二种；白色次之，计七十三种；红色又次之，计三十五种；紫色又次之，计三十一种；粉红色又次之，计二十二种；其他则为杂色。已可谓尽菊花的品种了，而清圣祖敕撰的《广群芳谱》，更为之补遗，续录四十一种，于是菊种竟超出三百种以外，诚可谓花中品类之最繁者了。

然这许多种中，要以黄色为菊的正宗，尤以甘菊为黄菊中所最普遍，故又称“真菊”，其形态功用，如《群芳谱》云：

甘菊，一名真菊，一名家菊，一名茶菊。花正黄，小如指顶，外尖瓣，内细萼，柄细而长，味甘而辛，气香而烈。叶似小金铃而尖，更多亚浅，气味似薄荷。枝干嫩则青，老则紫。实如葶苈而细，种之亦生苗。人家种以供蔬茹。

白色则以九华菊为冠，亦见《群芳谱》所载：

九华菊乃渊明所赏，今越俗多呼为『大笑』，瓣两层者曰『九华』。白瓣黄心，花头极大，有阔及二寸四五分者。其态异常，为白色之冠。香亦清胜。枝叶疏散，九月半方开。昔渊明尝言『秋菊盈园』，诗集中仅存九华之一名。

菊还有许多别名，如《本草经》云：

菊一名节华，一名傅公，一名延年，一名白华，一名日精，一名更生，又云阴盛，一名朱嬴，一名女华。

按："节华"据李时珍《本草纲目》云："节华之名，亦取其应节候也。"其他亦如李氏所说：

崔寔《月令》云：『女节，女华，菊华之名也。治蘠，日精，菊根之名也。』《抱朴子》云：『仙方所谓日精更生周盈，皆一菊而根茎花实之名异也。』

盖这些名称，其实也并非混指菊的，有根茎花实之分。兹按："日精"原指紫菊一种，如王嘉《拾遗记》云：

宣帝地节元年，有背明之国来贡，其物有紫菊，谓之『日精』，一茎一蔓，延及数亩。味甘，食者至死不饥渴。

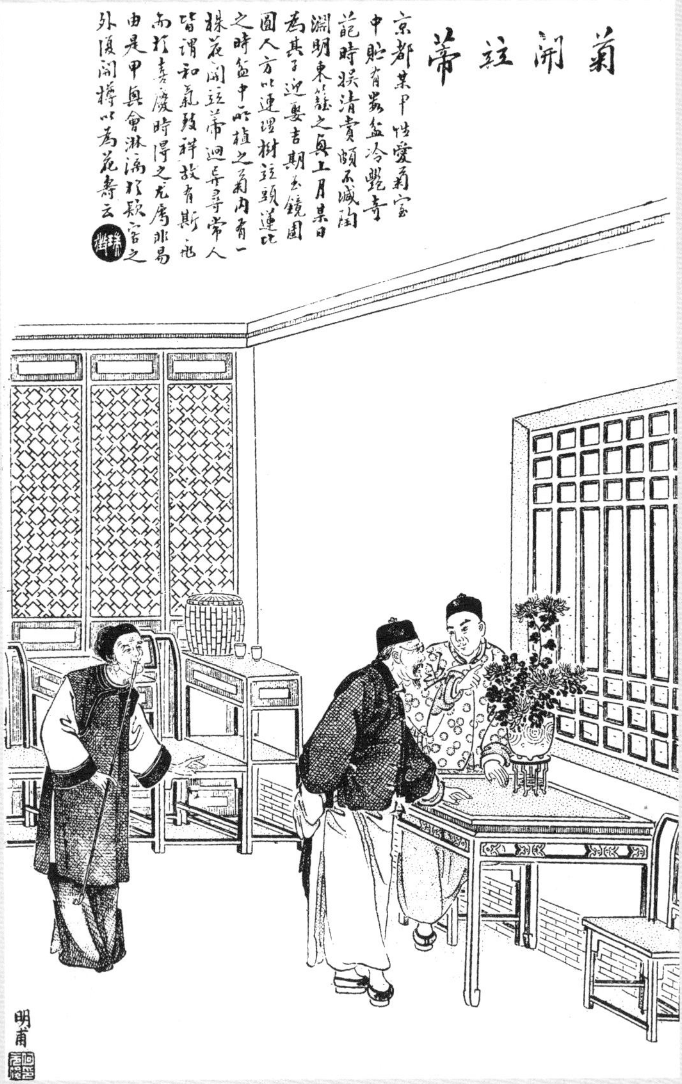

菊花 《本草经》云："菊一名节华，一名傅公，一名延年，一名白华，一名日精，一名更生，又云阴盛，一名朱嬴，一名女华。"

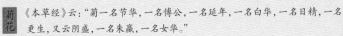

"更生"据元伊世珍《琅嬛记》云:

古有女子,与人约曰:『秋以为期。』至上冬,犹未相从。其人使谓之曰:『菊花枯矣,秋期若何?』女戏曰:『畴曰上冬,政素节也。是花虽枯,要当更生。』明日菊更生蕊,其人异之,因名曰『更生花』。

则不过传说而已。其他"延年"盖云饮菊可以延年,晋傅统妻《菊花颂》就有"服之延年"之说。"白华"当指花的白者。"阴盛"当为遇寒反花之意。其他"傅公""朱赢"则不得其详。

说食菊可以延年,原亦本于《本草》,李时珍《本草纲目》更详释其义,以为:"菊春生夏茂,秋老冬实,备受四气,饱经露霜,叶枯不落,花槁不零,味兼甘苦,性禀中和。得金水之精英尤多,能益金水二脏也。"而历代记载,述其效者颇多,如《荆州记》云:

南阳有菊水，其源旁悉芳菊，水极甘馨。又中有三十家，不复穿井，即饮此水。上寿百二十三十，中寿百余，七十者犹以为夭，汉太尉胡广父患风羸，恒汲饮此水，疾遂瘳。此菊茎短葩大，食之甘美，异于余菊。广又收其实种之京师，遂处处传植之。

又如梁吴均《续齐谐记》云：

汝南桓景从费长房游学，长房谓之曰：『九月九日，汝南当有大灾厄急，令家人缝绛囊盛茱萸系臂上，登山饮菊花酒，此祸可消。』景从其言，举家登山。夕还，鸡犬俱暴死。长房闻之曰：『此可代也。』

此即后世重九登高食菊花酒的故事，然《西京杂记》亦云：“戚夫人侍儿贾佩兰，后出为扶风人段儒妻，说在宫时九月九日佩茱萸食蓬饵饮菊花酒，令人长寿。菊华舒时并采茎叶，杂黍米酿之，至来年九月九日始熟就饮焉，故谓之菊花酒。”是西汉已有此风。然其书为小说家言，且为晋葛洪所撰，信否不得而知。总之这些饮水饮酒，皆为延年之意。至如《神仙传》说“康风子服甘菊花后得仙”，《名山记》说“朱孺子服菊草升天”，那更是神仙家之言，不足为信的。

古来爱菊的人，大约要推陶渊明了。他的“采菊东篱下，悠然见南山”最为后人所羡传。后世则宋之刘元茂，元之曹昊，亦爱之成癖者。如宋林洪《山家清供》云：

昔之爱菊者，莫如晋陶潜。今有刘石涧元茂焉，虽一行一坐，未尝不在于菊。繙帙得《菊叶诗》云：『何年霜后黄花叶，色蠹犹存旧卷诗。曾是往来篱下读，一枝闲弄被风吹。』观此诗不惟知其爱菊，其为人清芬可知矣。

又如《琅嬛记》云：

曹昊字太虚，武林人也，因慕渊明，别字元亮。性爱种菊，至秋无种不备。一日早起，见大黄菊当心生一红子渐大，三日若樱桃焉，人皆不识。有邻女周少夫者，年十六，姿甚淑令，月下同女伴来看，竟摘食之。食已，忽乘风飞去，昊惊报其家。父母姊妹向天号哭，初不反顾，自首及足，渐没于青天之中。已而有老父至，向菊拊掌叹息曰：『我无缘哉，何至之迟也！』昊方问故，忽变一老狐驰去。数日后，诸菊尽死。此地方百里，三年无菊。昊始悟仙家所谓菊实者，即此物也。

前半段当可信，后半段则未免是神话了。

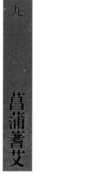

九 菖蒲蓍艾

Sweet Flag, Alpine Yarrow and Wormwood

菖蒲亦作昌蒲，李时珍《本草纲目》云："菖蒲乃蒲类之昌盛者，故曰菖蒲。"此外尚有一种香蒲，即甘蒲，唐苏恭《唐本草》所谓："南人谓之香蒲，以菖蒲为臭蒲也。"

菖蒲又有许多别名，如《吕氏春秋》云："冬至后五旬七日菖始生。菖者，百草之先生者也，于是始耕。"今称菖蒲为"菖阳"，盖取义于此。又《典术》云："尧时天降精于庭为韭，感百阴为菖蒲。"因又有"尧韭"之称。又方士因其叶如剑状，别称之为"水剑"。至菖蒲的种类有五，如《本草纲目》云：

菖蒲凡五种：生于池泽，蒲叶肥根，高二三尺者，『泥菖蒲，白菖』也。生于溪涧，蒲叶瘦根，高二三尺者，『水菖蒲溪荪』也。生于水石之间，叶有剑脊，瘦根密节，高尺余者，『石菖蒲』也。人家以砂栽之一年，至春剪洗，愈剪愈细，高四五寸，叶如韭根如匙柄粗者，亦『石菖蒲』也。甚则根长二三分，叶长寸许，谓之『钱蒲』是矣。

其中以白菖为最普通，今端午所采，多为此菖，以为辟邪之用，此风实始于唐宋，古则用艾。又以根作屑，和酒而饮，亦始于其时，宋吕希哲《岁时杂记》所谓“端午以菖蒲或缕或屑泛酒”是也。按《周礼·天官》：“醢人掌四豆之实，朝事之豆，其实韭菹醓醢，昌本麋臡。”据注：“昌本，菖蒲根切之四寸为菹。”是古时早有食之的，惟不和于酒中。相传周文王最好食此，见《说苑》。又《诗·韩奕》亦有“维笋及蒲”，据陆玑疏亦谓之菖蒲根，云：“大如匕柄，正白，生啖之甘脆。鬻而以苦酒浸之，如食笋法。”此外据道家所说，食菖蒲又有不老不饥成仙的可能，如《道藏经·菖蒲传》云：

菖蒲者，水草之精英，神仙之灵药也。其法，采紧小似鱼鳞者一斤，以水及米泔浸各一宿，刮去皮切，暴干捣筛，以糯米粥和匀，更入热蜜搜和丸如梧子大，稀葛袋盛，置当风处令干。每旦酒饮，任下三十丸，临卧更服三十丸，服至一月消食，二月痰除，服至五年骨髓充，颜色泽，白发黑，落齿更生。其药以五德配五行，叶青花赤节白心黄根黑。河内叶敬母中风，服之一年而百病愈。寇天师服之得道，至今庙前犹生菖蒲。郑鱼曾原等皆以服此得道也。

花草竹木

这话诚如李时珍所云“其语粗陋”，不足信也，惟也可见前人对此物的重视。至于石菖蒲与钱蒲，大多置之几案，用供清赏。宋苏轼有《石菖蒲赞》，序称：“石菖蒲并石取之，濯去泥土，渍以清水，置盆中可数十年不枯。”则颇与水仙相似，惟数十年不枯，又非水仙所能望其项背了。至香蒲除供食以外，又可收叶以为席，亦可作扇，软滑而温，即今所谓蒲席蒲扇。香蒲的花可作垫衬，较木棉为更柔软的。

蓍，古以为筮草，以卜吉凶。蓍的生命很长，故字从耆，宋陆佃《埤雅》所谓“草之寿者也”。至其形状，诚如宋苏颂《本草图经》所云：

> 蓍其生如蒿作丛，高五六尺，一本一二十茎，至多者三五十茎，生便条直，所以异于众蒿也。秋后有花出于枝端，红紫色，形如菊，八月九月采其实。

结实如艾实。

故今植物学家以蓍属于菊科，仅供观赏之用。但古时则视为神物，与龟同作卜筮之用。如《史记·龟策传》云：

蓍生满百茎者，其下必有神龟守之，其上常有青云覆之。传曰：『天下和平，王道得，而蓍茎长丈，其丛生满百茎。』方今世取蓍者，不能中古法度，不能得满百茎长丈者，取八十茎已上蓍长八尺即难得也。民众好用卦者，取满六十茎已上长满六尺者即可用矣。

此所谓神龟青云，即视蓍为神物所致。然蓍普通只有长五六尺至多者五十茎，实难得长丈又多百茎的，所以《龟策传》便说取六十茎已上长满六尺者亦可。至何以问吉凶须用蓍呢？那正如班固《白虎通》所说："干草枯骨，众多非一，独以灼龟何？此天地之间，寿考之物，故问之也。龟之为言久也，蓍之为言耆也，久长意也。龟曰卜，蓍曰筮何？卜，赴也。爆见兆也。筮也者，信也。见其卦也。"

盖古时凡国家大事，必先筮后卜，以定吉凶。而且筮时“必沐浴斋洁食香，每月望浴蓍，必五浴之”（《博物志》）。可谓郑重之至了。宋朱熹著有《筮仪》一书，说明古时筮的方式很详。但现在已无信此者，我们也不详述了。

与蓍并称的则有艾，艾之功用为疗病，惟古时亦有代蓍而占吉凶之用的。其字从草，陆佃《埤雅》所谓：“草之可以乂病者也。”《尔雅》又称为“冰台”，据张华《博物志》云：“削冰令圆，举以向日，以艾承其影，则得火。”《埤雅》以为：“艾曰冰台，其以此乎？”又医家以艾可以灸百病，故亦称为“灸草”。艾各地均有，但以产蕲州者为胜，如李时珍《本草纲目》云：

艾产汤阴者谓之『北艾』，四明者谓之『海艾』，自成化以来，则以蕲州者为胜，用充方物，天下重之，谓之『蕲艾』。相传他处艾灸酒坛不能透，蕲艾一灸则直透彻，为异也。此草多生山原，二月宿根生苗成丛。其茎直生，白色，高四五尺。其叶四布，状如蒿，分为五尖，霜后始枯。皆以五月五日连茎刈取，暴干收叶。

以五月五日收艾，此自为治病之用，然因此遂于是日采艾以悬门户，云有禳毒之效，如梁宗懔《荆楚岁时记》云：“五月五日，采艾以为人悬门户上，以禳毒气。”那未免迷信之举。至今此风依然，其用意正如宗氏所说。至于以艾灸病，确有奇效，随便举一二例子，如宋陆游《老学庵笔记》云：

> 祖母楚国夫人病累月，医药莫效。一日，有老道人状貌甚古，探囊出少艾，取一砖灸之。祖母方卧，忽觉腹间痛甚如火灼。道人遂径去，疾驰不可及，祖母病遂愈。

此为陆氏自记其祖母的事，当属可信。又如宋曾敏行《独醒杂志》云：

> 枢密孙公抃，生数日患脐风已不救，家人乃盛以盘合，将弃诸江，道遇老妪曰：『儿可活。』即与俱归，以艾灸脐下，遂活。

一老一幼，皆因艾而得生，艾的功用可说大极了。此外古称五十岁曰艾，又少女曰少艾，刚巧相反，据宋罗愿《尔雅翼》解释云：

五十曰艾，言其历年之久；然孟子称人知好色则慕少艾，少女亦称艾者，盖艾者外也。《春秋外传》曰：『国君好艾，大夫殆好内，適子殆，社稷危。』韦昭亦以艾为外。彼好外者称嬖臣，此少艾盖是少年外舍之妇。及其有妻子，则慕妻子矣。妻子为内，则知少艾者外也。

是各有各的用意的。

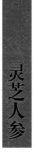

一〇 灵芝人参

Glossy Ganoderma and Ginseng

芝古以为神物，故有灵芝、瑞芝、神芝、仙芝之称。其实芝乃菌类，无足为异。芝本作“之”，篆文㞢，象草生地上的形状，后人以之字为语辞，遂又加艹以为分别。李时珍《本草纲目》云：“或曰生于刚处曰菌，生于柔处曰芝，芝亦菌属可食者。”所以《礼记·内则》言人君燕食所加庶羞，凡三十一物，而芝亦属其一，据《疏》云，芝乃“今春夏生于木可用为菹者”，盖亦视为普通食物，并无特异之处。其视为神物仙药者，实始于方士道家之辈，其时当在秦汉，以前实无此说。宋罗愿《尔雅翼》云：

芝，古以为香草，大夫之挚芝兰；又曰：『与善人居，如入芝兰之室，久而不闻其芳，则与之化矣。』今芝不香，未知何故？芝乃多种，故方术家有六芝，其五芝备五色五味，分生五岳，惟紫芝最多。昔四老避秦入商洛山，采芝食之，作歌曰『晔晔紫芝，可以疗饥』是也。……至葛稚川则云芝有石芝，有木芝，有草芝，有肉芝，有菌芝，各百许种，则芝类非特六矣。

盖古时芝常与兰并称，兰非仙草，则芝自亦不认为仙物的。自四老避秦服芝以后，方术家乃附会其说，云可以疗饥。至葛洪（稚川）著《抱朴子》，更真认为仙药。他有《仙药》一篇，即详述芝的种类及其无上的功效。兹录其石芝一节，以概其余：

石芝者，石象芝，生于海隅名山及岛屿之涯有积石者。其状如肉象，有头尾四足者良，似生物也。附于大石，喜在高岫峻之地，或却著仰缀也。赤者如珊瑚，白者如截肪，黑者如泽漆，青者如翠羽，黄者如紫金，而皆光明洞彻如坚冰也。晦夜去之，三百步便望见其光矣。大者十余斤，小者三四斤，非久齐至精，及佩老子入山灵宝五符，亦不能得见此辈也。凡见诸芝，且先以开山却害符置其上，则不得复隐蔽化去矣。徐徐择王相之日设醮，祭以酒脯，祈而取之，从日下禹步闭气而往也。又若得石象芝，捣之三万六千杵，服方寸匕，日三，尽一斤则得千岁，十斤则万岁，亦可分人服也。

观其所述，即可知妄诞之至，什么斋戒（即齐，古通斋）佩符，择日设醮，禹步闭气，一斤千岁，十斤万岁。芝若真为神物，即可采而服之，何必教人如此麻烦呢？岂非道家故玄其说，使人入迷而已。他的结论更说得妙，说："诸芝名山多有之，但凡庸道士，心不专精，行秽德薄，又不晓入山之术，虽得其图，不知其状，亦终不能得也。山无大小，皆有鬼神。其鬼神不以芝与人，人则虽践之不可见也。"既云"多有"，又云"不可见"，是直欺人之谈。可知他所说百余种的芝，根本皆是乌有之物，毫无事实根据的。这一点诚如李时珍所说："芝乃腐朽余气所生，正如人生瘤赘，而古今皆以为瑞草，又云服食可仙，诚为迂谬。"而事情最可笑者，厥为宋真宗耻与契丹盟于澶渊，用王钦若言，欲因天瑞封禅，镇服四海，粉饰太平，于是除伪造天书以外，又伪造芝草。起初不过一本十本，后来竟至千本万本。因为当时献芝是有赏的，如王安石《芝阁记》所云：

祥符时，封泰山以文天下之平，四方以芝来告者万数。其大吏则天子赐书以宠嘉之，小吏若民辄锡金帛。方是时，希世有力之大臣，穷搜而远采，山农野老，攀缘狙杙，以上至不测之高，下至涧溪壑谷，分崩裂绝，幽穷隐伏，人迹之所不通，往往求焉。而芝出于九州四海之间，盖几于尽矣。

其实还是伪造的多，互相蒙蔽而已。芝照道家所说是很难得发见的，而今竟如此之易。其后至神宗时此风始加禁绝，然至徽宗时又复如此，如《宋史·五行志》所说：

政和五年十二月，汝州进芝草六万本，有司不胜其纪。初犹表贺，后以为常，不皆贺也。时朱胜非为京东提举学事，行部至密州界，见县令部数百夫入山采芝，弥漫山谷。郡守李文仲采及三十万本，每万本作一纲入贡。文仲寻进职，授本道转运使。

一献六万以至三十万本，其盛况更可谓空前，且得进职，无怪愈献愈努力了。然而徽宗卒为金人所虏，身死异境，是所献的芝，果真是瑞草吗？

芝在现今虽还有人在迷信为瑞草神物，然已不如古代崇信得那般疯狂，而另外一种"参"，通称"人参"，在古时亦视为神物，在现今还认为神品的。

参本作"蓡"，从草从浸，即浸字浸渐之义，以此草须年深浸渐长成，故名。后世因其字繁，简省作参。参本星名，取其音相近耳。又以根如人形，故通称人参。但古时尚有一种传说，说人参不但如人的形，且能如人的啼，如刘宋刘敬叔《异苑》云：

人参一名『土精』，生上党者佳。人形皆具，能作儿啼。昔有人掘之，始下铧，便闻土中呻吟声，寻音而取，果得人参。

那真是妄诞之至。又如《春秋纬运斗枢》云："摇光星散而为人参，人君废山渎之利，则摇光不明，人参不生。"是直视人参为神物，与芝为一类了。因此人参尚有种种别称，如《本草纲目》所云：

人参其成有阶级，故曰『人衔』。其草背阳向阴，故曰『鬼盖』。其在五行色黄属土，而补脾胃生阴血，故有『黄参』『血参』之名。得地之精灵，故有『土精』『地精』之名。《广五行记》云：『隋文帝时，上党有人宅后，每夜闻人呼声，求之不得。去宅一里许，见人参枝叶异常，掘之入地五尺，得人参一如人体，四肢毕备，呼声遂绝。』观此则土精之名尤可证也。

盖无非当它是神草看待，所以有这种怪奇别称。《广五行记》所记，正与刘氏之说相同，无非愈传愈示其神奇而已。其实人参的功效，不过如甘草，此在梁陶弘景《本草注》已有此说，他说："人参为药切要，与甘草同功。"今西医家亦认为如此，无特别的功效可言，只是有此“摇光星散而为人参”，又真能作人啼声而为土精，于是真认为是了不起的神草了。至人参的种类，大略可阅清吴其濬《植物名实图考》所云：

人参昔时以辽东新罗所产，皆不及上党，今以辽东吉林为贵，新罗次之。以苗移植者为秧参，种子者为子参，力皆薄。党参今系蔓生，而根长至尺余，俗以代人参，殊欠考核。

新罗即今高丽。此外美洲亦有所产，即俗称“西洋参”者是。又人参在汉以前实无所闻，可知自古并不知为神品的。

一一 芦荻

Reeds

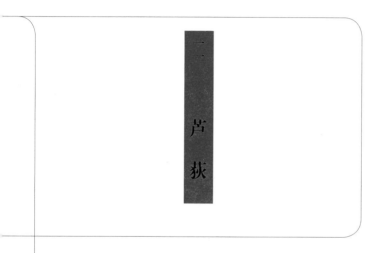

芦或称苇，或以为一物，或以为二物，如毛苌《诗疏》云："苇之初生曰葭，未秀曰芦，长成曰苇。苇者伟大也，芦者色卢黑也，葭者嘉美也。"是以芦苇为一物，早晚异称而已。又如苏颂《本草图经》云："北人以苇与芦为二物，水旁下湿所生者皆名苇，其细不及指大；人家池圃所植者皆名芦，其干差大。"则以芦为较大，苇为较细，其实还是一物。今植物学家亦以芦苇为一物，而通称之为苇。

芦在上古时就有一种传说，如《史记·补三皇本纪》云：

女娲氏末年，诸侯有共工氏，与祝融战不胜，乃头触不周山，崩，天柱折，地维缺。女娲乃炼五色石以补天，断鳌足以立四极，聚芦灰以止滔水，以济冀州。

这说当然不足置信，只是神话而已。但芦灰古时却用以占气候，却大有物理原因的，如《后汉书·律历志》云：

候气之法，为室三重，户闭，涂衅必周，密布缇缦。室中以木为案，每律各一，内庳外高，从其方位，加律其上，以葭莩灰抑其内端，案历而候之，气至者灰动。其为气所动者其灰散，人及风所动者其灰聚。殿中候，用玉律十二，惟二至乃候。

葭莩即芦中的薄膜，以此为灰，纳于律管里面，于冬至夏至二日以候，至其时则灰散动，故今称冬至有“管吹葭灰”之说，即源于此。又芦花古亦用为衣被的衬，但不如絮（即丝绵的粗者）的温暖。孔子弟子闵子骞曾穿过芦花衣的。如《孝子传》云：

闵子骞事亲孝。后母生二子，衣之絮衣，骞以芦花。父察知，欲出后母，骞告父曰：『母在一子寒，母去三子单。』遂不出，母亦化而慈。

现在旧戏里有《芦花记》，即演此故事的。至其茎可为帘，细者又可为笔管，应用颇广。亦有笋，如竹笋差小而节疏，可食，但据徐光启《农政全书》云：“露出浮水者不堪用。北方者可食，南产不可食。”

荻亦与芦相似，故古芦荻常相并称。别名甚多，且常与芦相混，如宋沈括《梦溪补笔谈》云：

> 芦苇之类，凡有十数种，名字错乱，人莫能分。今世俗只有芦与荻两名。按：《诗疏》曰：『此二草初生为菼，长大为薍，成则名为萑。初生名葭，长大为芦，成则名为苇。』余今详诸家所释，葭芦苇皆芦也，则菼薍萑是荻耳。又《诗·释文》云：『薍江东人呼之为乌蓲。』今吴中乌蓲草，乃荻属也。荻芽似竹笋，味甘脆可食。茎脆可曲如钩，作马鞭节。花嫩时紫，脆则白如散丝。叶色重，狭长而白脊。一类小可用为曲薄，其余唯堪供爨耳。芦芽味稍甜，作蔬尤美。茎直，花穗生如狐尾，褐色。叶阔大而色浅，此堪作障席筐管织壁覆屋绞绳杂用，以其柔韧且直故也。

此于芦荻分析最明。惟据王安石《字说》云：“荻始生曰菼，又谓之薍。荻强而葭弱，荻高而葭下，故谓之荻。

菼中赤，始生末黑，黑已而赤，故谓之菼。其根旁行，牵揉盘互，其形无辨矣，而又强焉，故谓之薍。”与沈说微有差异。惟萑古亦多以为荻，是荻一物可得五名的。

荻在古时也有作笔用的，如《南史·陶弘景传》：“弘景年四五岁，恒以荻为笔，画灰中学书。”其后宋欧阳修幼时亦复如此。《宋史·欧阳修传》云：“修四岁而孤，母郑守节自誓，亲诲之学，家贫，至以荻画地学书。”大约这是非至贫不会用的，所以史特传为美事。此外荻花也可为衣，据明陈继儒《辟寒》云：

天井长老彦威云：庐山老僧用荻花絮纸衣。威少时在惠日亦为之，佛灯珣禅师大嗔云：『汝少年，辄求温暖如此，岂有心学道耶？』退而问其徒，则堂中百人，有荻花者才三四，皆年七十余矣。威愧恐，亟除去。

是荻花衣十分温暖，故宜老年穿服，较芦花为佳了。

二二 麻棉

Linen and Cotton

麻字从广从两木，象人在屋下治麻之意。木象麻的茎皮，今作木者非。又以其为草本，因加艹头作蔴，其实是多余的。

麻的种类，通常有大麻、苎麻、蓖麻、胡麻等，虽统称为麻，而实不相类，如今植物学家以大麻属大麻科，苎麻属荨麻科，蓖麻属大戟科，胡麻属胡麻科。但我国古时却均以为麻类，所以我们也并在一起来谈。其中以大麻为最古，胡麻为最晚出。据李时珍《本草纲目》云：

大麻即今『火麻』，亦曰『黄麻』，处处种之。剥麻收子，有雄有雌，雄者为『枲』，雌者为『苴』。大科如油麻，叶狭而长，一枝七叶或九叶。五六月开细黄花成穗，随即结实，大如胡荽子，可取油。剥其皮作麻。其秸白而有稜，轻虚可为烛心。

按:《尔雅》“枲麻”,注云“别二名”,疏以为“麻一名枲,故注云别二名”,是麻一名枲了。惟宋罗愿《尔雅翼》则云:“有实者别名苴,而无实者别名枲,然此类亦通名麻枲。”盖枲亦可为麻的别名,细分之则枲为无实的雄麻,而苴为有实的雌麻了。此麻实古亦供食,以为五谷之一,如《礼记·月令》有“孟秋之月天子食麻与犬”,然今无食之者,所以如明宋应星《天工开物》,颇疑此麻种后或已灭。他说:

凡麻可粒可油者,惟火麻胡麻二种。胡麻即脂麻,相传西汉始自大宛来。古者以麻为五谷之一,若专以火麻当之,义岂有当哉?窃意诗书五谷之麻,或其种已灭,或即菽粟之中别种,而渐讹其名号,皆未可知也。

盖胡麻乃至汉始有，汉前实无此物。胡麻的别称甚多，如《本草纲目》所云：

胡麻即今油麻。古者中国止有大麻，汉使张骞自大宛得油麻种来，故名『胡麻』，以别中国大麻也。『巨胜』即胡麻之角巨如方胜者，『方茎』以茎名，『狗虱』以形名，『油麻』『脂麻』谓其多脂油也。按：张揖《广雅》胡麻一名藤弘』，弘亦巨也。又杜宝《拾遗记》云：『隋大业四年改胡麻曰交麻。』

此外《名医别录》又称为“细麻”，以别中国原有的麻，因此中国的麻又称为“汉麻”，亦为“大麻”。今则又作为“芝麻”，盖实由脂子音讹而来。胡麻的子有黑白赤三种，据李时珍云：“取油以白者为胜，服食以黑者为良，赤者状如老茄子，壳厚油少，但可食尔，不堪服食。”此所取的油，即通常所谓“麻油”，为古时食用及燃灯的要品。

又胡麻古亦认为仙药，如陶弘景《本草注》云：“服食胡麻，取乌色者当九蒸九暴，熬捣饵之，断谷长生。”于是如晋刘晨阮肇入天台，即因食胡麻饭而得会桃源仙女。（见《天台志》）其说自属妄诞，正如李时珍所谓：“古以胡麻为仙药，而近世罕用，或者未必有此神验，但久服有益而已。”

苎麻古单称纻，纻与苎通。李时珍《本草纲目》以为：“可以绩纻，故谓之纻。凡麻丝之细者为绘，粗者为纻。”惟徐光启《农政全书》却以为非，他说：

《诗》言『沤纻』，《传》称『纻衣』，中土之有纻旧矣。而贾思勰不言种苎之法，崔寔始言苎麻；繇是推之，五代以前所谓纻者，殆苴麻之属。而今所谓苎者，特南方有之，陆玑始著其名，唐甄权乃以入药方，至宋掌禹锡云『南方绩以为布』，显是北方所无，而释《诗》者尚未知。陆所谓苎，非《诗》所谓纻也。

此以苎为南方所产，北方所不应有，其说实似是而非。按：《周礼·天官》有"典枲掌布缌缕纻之麻草之物"。据疏谓："布缌缕用麻之物，纻用草之物。"则麻与纻固分，麻当指大麻，纻当指苎麻的。且虽非北方所有，南方岂不可移运，如《禹贡》即有"厥贡漆枲絺纻"之语，纻固亦为贡物之一，何以必为北产方为北有呢？

以苎麻所织的布，即通称夏布，南方各省多有，尤以江西万载所出产者为最著名。

至于蓖麻，李时珍以为："蓖亦作螕，牛虱也。其子有麻点，故名。"其茎有赤有白，中空如竹，与他麻不同。子仁可以榨油，可作印色及油纸，今又用作轻泻药，最有功效。但李时珍却有："凡服蓖麻者，一生不得食炒豆，犯之必胀死。"则不知根据何种学理的？

棉古称"古贝"，唐时又称"吉贝"，大约都是译音。以其絮与我国的绵相似，故后称为绵，又字作棉，通称则为木棉。原产于东印度，我国至南北朝时始知有此物，如《南史·林邑国传》云：

古贝者树名也，其华成时如鹅毳，抽其绪，纺之以作布，洁白与纻布不殊；亦染成五色，织为斑布也。

按：林邑在今越南境内。又如《通鉴》称“梁武帝送木棉皂帐”，宋史炤《释文》云：“木棉江南多有之，以春二三月下种，既生一月三薅，至秋生黄花结实，及熟时，其皮四裂，其中绽出如绵。”可知梁时已有木棉，而宋时则已广为栽培。又据元陶宗仪《南村辍耕录》云：

闽广多种木棉，纺织为布，名曰吉贝。松江府东去五十里许曰乌泥泾，其地土田硗瘠，民食不给，因谋树艺以资生业，遂觅种于彼。初无踏车椎弓之制，率用手剖去子，线弦竹弧置案间，振掉成剂，厥功甚艰。国初时，有一妪名黄道婆者，自厓州来，乃数以做造捍弹纺织之具，至于错钞配色综线挈花各有其法，以故织成被褥带帨，其上折枝团凤棋局字样，粲然若写。人既受教，竞相作为，转货他郡，家既就殷，未几妪卒，莫不感恩洒泣而共葬之；又为立祠，岁时享之。

是上海一带纺织方法，传自黄道婆的，今上海南市有先棉祠街，即为其祠址所在之地。这在我国纺织业上，殊可值得纪念的。

棉因其絮（即俗称棉花）可为衣褥纺纱织布的原

料，成本较蚕丝为轻，故应用殊广。明时国家即奖励种植，视与桑麻相等。清时更努力奖励，嘉庆时朝廷且撰《授衣广训》，其说明棉花的用途，朝野对于棉花，非常重视。惟所出纤维短弱，不及美国、埃及所产的细长而有光泽，所以不能织过分的细布。至由棉所纺织成的织物，至今名目殊多，依普通商业上名称，大别有下列二十余种：

本色市布　仿土布　花席法　绉绸　羽绸　洋板绫　冲毛呢

本色斜布　漂布　洋纱　绉呢　羽绫　罗缎　回绒

本色绒布　竹布　洋罗　绉布　斜羽绸　泰西缎　帆布

本色洋标　漂洋标　染色洋标　哔叽　冲直贡呢　棉法绒　印花布

此外棉子又可榨油，俗称"花油"，上等可供食用，次等可制蜡烛肥皂。其所余的渣滓则为"棉饼"，可以肥田，为用也是很广的。

以上所谓木棉，实为草棉，乃棉的草本。此外尚有木本的木棉本与草棉不同类，惟今亦称为棉。产于闽广诸地，乃常绿树木，高至十丈许。其木材大的可以刳为独木舟，絮则可充团垫中心之用，但不能纺织的。

一三 竹类

Bamboos

竹,《说文》:“冬生草也,象形,下垂者箬箬也。”然竹非草类,故晋戴凯之《竹谱》云:“竹不刚不柔,非草非木。若谓竹是草,不应称竹;今既称竹,则非草可知矣。竹是一族之总名,一形之遍称也。植物之中有草木竹,犹动品之中有鱼鸟兽也。”惟今植物学家以竹为禾本科植物,与稻麦相类,则亦属之于草了。

竹在古时别称甚多,如《禹贡》“扬州筿簜既敷”,据《传》:“筿,竹箭;簜,大竹。”所谓竹箭就是小竹。也有以箭为小竹,而竹为大竹,如《礼记·礼器》“竹箭之筠也”,据《疏》:“竹,大竹也;箭,筿也。”至《尔雅》则又以簜为竹,即竹的别名,不分大小。此外又有莽、桃枝、粼、箘簬、仲之分,则依以竹节希数又中空实而为分别,宋邢昺《尔雅疏》所谓“竹节间促数者名莽,相去四寸有节者名桃枝,其中坚实者名粼,竹其中空者名箘簬,仲注未详”。然此种所分,已无用于今时。

竹的种类殊多,如戴凯之《竹谱》列有六十一种,宋僧赞宁《笱谱》列有八十五种,皆述古今各地所产的

竹

《竹谱》云：“竹不刚不柔，非草非木。若谓竹是草，不应称竹；今既称竹，则非草可知矣。竹是一族之总名，一形之遍称也。”

竹，或以形名，或以地名，殊嫌琐碎之至。兹仅录明王象晋《群芳谱》中所录竹种，以概其余：

今按其种有『方竹』（产澄州，体如削成，劲挺堪为杖；隔州亦出大者数丈）；『斑竹』（即吴地称『湘妃竹』者，其斑如泪痕；出峡州宜都县飞鱼口，大者不过寸，鲜美可爱；杭产者不如，亦有二种，出古辣者佳，出陶虚山者次之，土人裁为箸甚妙，亦有大如瓯者）；『椶竹』（有三种：上曰『箸头』，梗短叶垂，堪置书几；次曰『短栖』，可列庭阶；次曰『朴竹』，节稀叶硬。全欠温雅，但可作扇骨料耳）；『猫竹』（一作『茅竹』，又作『毛竹』，干大而厚，异于众竹，人取以为舟）；『双竹』（修篁嫩箨，对抽并引，王子敬谓之『扶竹』，犹海上之扶桑也，武陵山西双竹院中产）；『蕲竹』（出黄州府蕲州，以色莹者为簟，节疏者为笛，带须者为杖，唐韩愈诗『蕲州笛竹天下知，郑君所宝尤瑰奇。携来当昼不得卧，一府传看黄琉璃』是也）；『慈孝竹』（生作大丛，长干中耸，群箨外护，向阳则茂，宜种高台）；『柯亭竹』（生云梦之南，可为管，以七月望前生，明年七月望前伐，过期伐则音滞，未期伐则音浮）；『观音竹』（每节二三寸，产占城国。『黄金间碧玉』，会稽甚多）；『龙公竹』（其大径七尺，一节长丈二尺，叶若芭蕉，出罗浮山）；『龙孙竹』（生辰州山谷间，高不盈尺，细仅如针）；『径尺竹』（可为甑，出湖湘）；『四季竹』（节长而圆中管籥，生山石者音清亮）；『月竹』（每月抽笋，状轻短，丛生如箭，笋不堪食，产嘉定州）；『十二时竹』（产蕲州，其竹绕节凸生子丑寅卯等十二字，安福周俊叔得此植之家庭十余年，笋而竹者十之三）；『大夫竹』（其高凌云，围三尺）；『凤尾竹』（高二三尺，纤小猗那，植盆中，可作书室清玩）；『龟文竹』（崇阳县宝佗岩产，仅一本，制扇甚奇，闻今亦绝种矣）；『人面竹』（出剡山，竹径几寸，近本逮二尺，节极促，四面参差，竹皮如鱼鳞，面凸，颇类人面）；『黑竹』（如藤，长丈八尺，色理如铁）；『思摩竹』（笋自节生，笋既成竹，至春节中复生笋，出交广）；『无节竹』（出瓜州）；『大节竹』（一节一丈，出黎母山）；『疏节竹』（六尺一节）；『通竹』（直上无节而空洞，出溱州）；『藤竹』（出占城）；『船竹』（出员丘，其竹一节可为船）；『丹青竹』（叶黄碧丹相间，出熊耳山）；『十抱竹』（出临贺）；『慈竹』（内实而节疏，性弱形紧，而细可代藤，一名『义竹』）；『桃竹』（叶如棕身如竹，密节而实中，犀理瘦骨，盖天成拄杖也，出巴渝间；出豫者细文，一节四尺，北人呼为『桃丝竹』）；『相思竹』（出广东，两两生笋）。

盖如此三十余种，已可示竹之大概了。至竹之性，喜暖恶寒，故《竹谱》有“九河鲜育，五岭实繁”之语。又云：“竹六十年一易根，易根辄结实而枯死，其实落土复生，六年遂成。”

竹的嫩干谓之"笋"，俗亦作笋。宋陆佃《埤雅》云："竹萌曰笋,笋从勹从日，包之日为笋，解之日为竹。一曰从旬，旬内为笋，旬外为竹。今俗呼竹为妒母草，言笋旬有六日而齐母。"至作笋,《笋谱》以为："盖旬尹声相滥耳。"此字实始于唐，古所未有的。而古时对于笋的解释，则《尔雅》为"竹萌"，《说文》为"竹胎"，《笋谱》为"竹芽"，以及小说《神异经》为"竹子"。其实乃竹的嫩茎而已。笋也有数种，如李时珍《本草纲目》云：

晋戴凯之宋僧赞宁皆著《竹谱》，凡六十余种。其所产之地，发笋之时各各不同。其笋亦有可食不可食者。大抵北土鲜竹，惟秦蜀吴楚以南则多有之。竹有雌雄，但看根上第一枝双生者，必雌也，乃有笋。土人于竹根行鞭时，掘取嫩者，谓之『鞭笋』。江南湖南人冬月掘大竹根下未出土者为『冬笋』，《东汉观记》谓之『苞笋』，并可鲜食为珍品。其他则南人淡干者为『玉版笋』『明笋』『火笋』，盐曝者为『盐笋』，并可为蔬食也。

至于通常食笋的方法，不外去壳煮烧而已，但据赞宁《笋谱》所说，此法实不妥善。他说：

凡食笋之要，譬若治药，修炼得法则益人，反是则损。采笋之法，……勿令见风，风吹旋坚，以巾纷拭土。又不宜见水，含壳沸汤瀹之，煮宜久。按煮笋实可一周时已熟，或见生水，还重煮一周时验知。笋不可生，生必损人。苦笋最宜久，甘笋出汤后去壳，澄。煮笋汁为羹茹，味全加美。然后始可与语为食笋者矣，此外不足算也。

笋在古时亦为美食之一，如《诗·韩奕》："其肴维何？炰鳖鲜鱼。其蔌维何？维笋及蒲。"以笋与炰鳖并举，其重视可知。《吕氏春秋》亦有："和之美者，越骆之箘。"据注箘即竹笋。但北方人也有未知笋的，因此如魏邯郸淳《笑林》云：

汉人有适吴，吴人设笱，问是何物，语曰：『竹也。』归煮其床箦而不熟，乃谓其妻曰：『吴人辆辘，欺我如此。』

这真可说是笑话了。竹笱之外尚有竹实，也可供食。惟竹至枯始花，故其实殊希，不为人所注意。且食不得法，有大毒，如《玉堂闲话》云：

唐天复甲子岁，自陇而西，迨于褒梁之境，数千里内亢阳，民多流散，自冬经春，饥民啖食草木，至有骨肉相食者甚多。是年忽山中竹无巨细，皆放花结子。饥民采之舂米而食，珍于粳糯。其子粗，颜色红纤，与今红粳不殊，其味尤更馨香。数州之民，皆挈累入山就食之。至于溪山之内，居人如市，人力及者，竞置囤廪而贮之。家有羡粮者，又取与荤茹血肉，而同食者，呕哕如中毒，十死其九。其竹自此千蹊万谷，并皆立枯，十年之后复产此君。

筍 筍在古时亦为美食之一，如《诗·韩奕》：“其肴维何？炰鳖鲜鱼。其蔌维何？维筍及蒲。”以筍与炰鳖并举，其重视可知。

据唐陈藏器《本草拾遗》云："竹实生苦竹杖上，大如鸡子，似肉脔，有大毒，须以灰汁煮二度，炼讫，乃依常菜茹食；炼不熟，则戟人喉出血，手爪尽脱也。"至竹之称"此君"，则始于晋王徽之《晋书·王徽之传》云：

徽之性卓荦不羁。时吴中一士大夫家有好竹，欲观之，便出坐舆，造竹下，讽啸良久。主人洒扫请坐，徽之不顾。将出，主人乃闭门，徽之便以此赏之，尽欢而去。尝寄居空宅中，便令种竹。或问其故，啸咏指竹曰：『何可一日无此君耶？』

后人遂以竹为"此君"了。宋刘子翚有《此君传》，即记竹之故事的。竹中尚有几个传说的故事，如斑竹据梁任昉《述异记》云：

湘水去岸三十里许，有相思宫望帝台。昔舜南巡，而葬于苍梧之野。尧之二女娥皇女英追之不及，相与协哭，泪下沾竹，竹文上为之斑斑然。

娥皇女英就是舜的二妃，妃死为湘水神，称为湘妃，所以斑竹也称湘妃竹的。与此类似的则江西瑞昌有墨竹，据《县志》云："东坡赴黄州，过此题壁，墨藩洒竹间，至今山竹点点墨痕，人争异之。"广东平远有红竹，据《县志》云："梅子畲有竹数丛，叶上有红点如血，相传文信国天祥过此，摘竹叶嚼血占卦，至今血痕犹存。"实皆故相附会而已。

此外竹简古又作书用，故有"杀青"之说。杀青者，杀青竹简也，其法以火炙简令汗，取其易书，复不蠹蛀，亦谓之"汗简"。至宋时乃有以竹制纸，据苏轼集云：

"昔人以海薹为纸，今无复有。今人以竹为纸，亦古所无有也。"按：古制纸原料，实为桑楮等树皮，至宋始用竹的。又画墨竹之风，实始于唐末，如元夏文彦《图绘宝鉴》云：

李夫人西蜀名家，未详世胄，善属文，尤工书画。郭崇韬伐蜀得之，夫人以崇韬武弁，常郁悒不乐，月下独坐南轩，竹影婆娑可喜，即起挥毫濡墨，横写窗纸上。明日视之，生意具足。自是人间往往效之，遂有墨竹。

一四 松柏

Pine and Cypress

松字据王安石《字说》云:“松为百木之长,犹公也,故字从公。”按:《说文》:“松,木也,从木公声。古文寀,从木容声。”是松本从容旁而非公字,王氏之说,恐乃想象而已。但松确为百木之长,既能耐寒,又其生命很长,所以称之为公,实在也颇适当的。

松的种类很多,如唐段成式《酉阳杂俎》云:

松今言两粒五粒,粒当言鬣。成式修竹里私第大堂前有五鬣松两根,大财如椀,甲子年结实,味如新罗、南诏者不别。五鬣松皮不鳞。中使仇士良水硙亭子在城东,有两鬣皮不鳞者。又有七鬣者不知自何而得。俗谓孔雀松,三鬣松也。松命根遇石则偃,盖不必千年也。

松柏　李时珍《本草纲目》云："然叶有二针、三针、五针之别。三针者为栝子松，五针者为松子松，其子大如柏子。惟辽海及云南者子大如巴豆可食，谓之海松子。"

按：鬣实即叶针，盖松叶细如针状。另据明李时珍《本草纲目》云："然叶有二针、三针、五针之别。三针者为栝子松，五针者为松子松，其子大如柏子。惟辽海及云南者子大如巴豆可食，谓之海松子。"今植物学家又以松树皮的颜色，分为白松、赤松、黑松。"白松"亦称白皮松，产河北、陕西、湖北等省，江浙亦有之。树干光滑，皮色白，叶针形，三针一蒂，较赤黑松为短。子椭圆而稍扁，大小略同海松子，淡褐色，可食。"赤松"亦以西北诸省产生最多，树皮与嫩芽皆赤色叶针形柔软，二针一蒂。"黑松"树皮黑褐色，作鳞片状。叶亦二针一蒂，惟较赤松稍粗硬。其材可为燃料，火力较赤松为强。按：此与赤松最相近似，普通所称的松，就指此两类。

至于"海松"与"五鬣松"，均五针一蒂，其子亦如白松可食，其余则仅有球果而不可食。

此外松类尚有可供观赏用的，高仅数十尺，不如前数种高至数十丈而参天的，据《常熟县志》所载，有下列数种：

“栝子松”种之为轩槛之玩，鲜有高大者。“剔牙松”贵种，名园多植之。“金钱松”盆几之玩，蒋以化含翠堂前乃有高二丈者。“鹅毛松”亦盆几之玩。

按：明王世懋《果疏》云：“栝子松俗名剔牙松，岁久亦生实，虽小亦甘香可食。南京徐氏西园一株是元时物，秀色参天，目中第一。”是栝子松实即剔牙松，也有高至参天的。至金钱松一名罗汉松，因其结实似罗汉，故名。其叶不作针状，细长有中肋，除观赏用外，也有作藩篱的。又有“金松”，据唐李德裕《金松赋序》云：

广陵东南有颜太师犹子旧宅，其地则孔北海故台。余因晚春夕景，命驾游眺，忽睹奇木植于庭际，枝似桂松，叶如瞿麦。迫而察之，则翠叶金贯，灿然有光，访其名，曰『金松』；访其所来，曰得于台岭。乃就主人求得一本，列于平泉。

此金松今极少有，其叶呈车辐状，也有中肋，略如罗汉松，故亦为观赏松类之一。

松非不落叶，以其新陈代谢，故终岁常青。但据清圣祖敕撰的《广群芳谱》，却也有“落叶松”的，《谱》云：

落叶松塞外兴安岭多有之，五台亦有。其皮蒙古无茶时可以当茶。其刺有毒，入肉即烂，入水即沉，所以木商不取。其干直挺参天，枝叶蔚然，恍若九檐羽盖。以塞北高寒，经秋叶脱，至春复生。松上寄生白脂，厚五六寸，光洁似玉，微软而坚，有用之为靴底者。

松脂居然可作靴底，那颇如今的橡胶了，惜今无人知之者，否则倒大可提倡一下的。

松古有“十八公”及“木公”之称，盖均拆字而得之，如元冯子振有《十八公赋》，明洪璐有《木公传》。按：裴松之注《三国志·孙皓传》丁固为司徒云：“初，固为尚书，梦松树生其腹上，谓人曰：松字十八公也。后十八岁，吾其为公乎。卒如梦焉。”此为十八公之称最早见于载籍的。惟据冯赋序云：

> 长城之北，又数百里驰上京，东北百数十里为跸林环林，四向皆斥碛沙嶂，松低昂掩冉，殆且千万，而未有数，所谓古八百里黑松林者也。又数十里为孤驿，松一根十八干，共挺挺植立，项领撑矗，势各合抱，不令参差高下小大不齐，少分媿色于其间，气岸磅礴，大似老人大父行。下视苍冈翠麓，或偃或怪，各端倪严事，无敢抗行。顷年十八干之二干，戕于操斧，其人旋毙，则神物之诃护，由来久矣。今十六干巍然昂霄，其二干斧瘢小小突兀。大德壬寅把荚后三日，予道应昌，始一再过之，叹其倔奇瑰杰有如此者，无论南北万里，殆九州之表，六合之外，自有宇宙以来，未之有也。

则十八公之称，竟为一松十八干者，那真可谓巧合极了。又松别有“五大夫”之称，此乃始于秦时。后人亦有称为五株松的，实误。如宋范镇《东斋记事》云：

> 秦始皇下泰山，风雨暴至，休于树下，因封其树为五大夫。初不言其为何树也，后汉应劭作《汉官仪》，始言为松，盖松柏在泰山之小天门，至劭时犹存，故知为松也。五大夫盖秦爵之第九级，后人不解，遂谓松之封大夫者五，故唐人松诗有『不羡五株封』之句，盖循袭不考之过也。

此唐人松诗实指陆贽作《禁中春松》诗。此外晋张华《博物志》称“松曰苍官”，《泉州志》云：“晋僧法潜隐郯山，指松曰苍颜叟。”又《杭州府志》有“木长官”之说，据云：

松柏 松古有“十八公”及“木公”之称，盖均折字而得之，如元冯子振有《十八公赋》，明洪璐有《木公传》。

于潜牧岭上有古松一本，盘错奇怪。尝有兄弟阋墙，欲讼于有司，夜行憩其下，迟明辨色相视，乃伯仲也，遂各悔咎，息争而还，因名松为『木长官』。

此虽近乎神话，而事实也有可能的。

松除枝干可供建筑器具及燃料之用外，松子可食，其花可印饼糕，松烟可以制墨，松脂即松香可以制洋漆及各种用具，古则又用作仙食，如晋葛洪《抱朴子》云：

余又闻上党有赵瞿者，病癞历年，众治之不愈，垂死。或云不及活，流弃之，后子孙转相注易，其家乃赍粮将之，送置山穴中。瞿在穴中，自怨不幸，昼夜悲叹，涕泣经月。有仙人行经过穴，见而哀之，具问讯之。瞿知其异人，乃叩头自陈乞哀，于是仙人以一囊药赐之，教其服法。瞿服之百许日，疮都愈，颜色丰悦，肌肤玉泽。仙人又过视之，瞿谢受更生活之恩，乞丐其方。仙人告之曰，此是松脂耳，此山中更多此物，汝炼之服，可以长生不死。瞿乃归家，家人初谓之鬼也，甚惊愕。瞿遂长服

> 松脂，身体转轻，气力百倍，登危越险，终日不极，年百七十岁，齿不堕，发不白。夜卧，忽见屋间有光大如镜者，以问左右，皆云不见，久而渐大，一室尽明如昼日。又夜见面上有采女二人，长二三寸，面体皆具，但为小耳，游戏其口鼻之间，如是且一年，此女渐长大，出在其侧。又常闻琴瑟之音，欣然独笑，在人间三百许年，色如小童，乃入抱犊山去，必地仙也。于时闻瞿服松脂如此，于是竞服。其多役力者，乃车运驴负，积之盈室，服之远者，不过一月，未觉大有益辄止，有志者难得如是也。

这当然是道家故甚其词的仙话，不足为信的，或反如魏曹丕《典论》所说："议郎李覃，学却俭辟谷，食茯苓，饮水中大寒，泄痢，殆至殒命。" 茯苓据说就是松脂下泄入土之物，《博物志》所谓："松脂入地千年化为茯苓，茯苓化为琥珀。" 宋苏颂《本草图经》亦云：

> 茯苓今太华嵩山皆有之，出大松下，附根而生，无苗叶花实，作块如拳，在土底，大者至数斤。有赤白二种。或云松脂变成，或云假松气而生。

按：茯苓《史记·龟策传》作"伏灵"，云："下有伏灵，上有兔丝。所谓伏灵者，在兔丝之下，状似飞鸟之形，千岁松根也，食之不死。"李时珍《本草纲目》以为："盖松之神灵之气伏结而成，故谓之伏灵，俗作苓者，传写之讹尔。"今植物学家以为是一种地中菌，寄生于山林的松根。说食之不死，断无此理，观《典论》李覃的事，就可为明证了。然茯苓也有一种别的功效，如苏轼《与程正辅书》云：

某旧苦痔疾，盖二十一年矣。今忽大作，百药不效，知不能为甚害，然痛楚无聊两月余，亦颇难当。出于无计，遂欲休粮以清净胜之，则又未能，遽尔则又不可，但择其近似者，断酒肉，断盐酪酱菜，凡有味物皆断，又断粳米饭，惟食淡面一味，其间更食胡麻茯苓麸少许取饱。胡麻黑脂麻是也，去皮九蒸曝，白茯苓去皮，入少白蜜为麸，杂胡麻，食之甚美。如此服食已多日，气力不衰，而痔渐退。久不退转，辅以少气术，其效殆未量也。

此言茯苓可治痔疾，乃得之于经验。又如他的弟弟苏辙《服茯苓赋序》云：

余少而多病，夏则脾不胜食，秋则肺不胜寒，治肺则病脾，治脾则病肺，平居服药，殆不复能愈。年三十有二，官于宛丘，或怜而授之以道士服气法，行之期年，二疾良愈，盖自是始有意养生之说。古书言松脂流入地下为茯苓，茯苓又千岁则为琥珀，虽非金石，而其能自完也亦久矣。于是求之名山，屑而瀹之，去其脉络而取其精华，庶几可以固形养气，延年而却老者。

此其言似为茯苓又可治脾肺的。按:《本草》言茯苓:“久服安魂养神,不饥延年。”安魂养神也许不差,不饥延年未免又为道家的说法了。

与松并称则为“柏”,王安石《字说》以为:“柏犹伯也,故字从白。”盖仅居松之次者。惟明魏校《六书精蕴》却云:“柏,阴木也。木皆属阳,而柏向阴指西,盖木之有贞德者,故字从白,白西方正色也。”是王氏之说,只就字面解释而已,未足为据。又《尔雅·释木》“柏椈”,是柏古又名椈,故《礼记·杂记》有:“畅,臼以椈,杵以梧。”注谓:“以柏木为臼,梧木为杵,柏香芳而梧洁白,故用之。”

柏在古籍中大多并不分类,今植物学家则分有扁柏、侧柏、花柏、罗汉柏之类。“扁柏”即如《格物总论》所云:“柏树大者数围,高数丈,皮光滑,枝干修耸,叶香烈,深山中有之。”为柏类中最普通的,高至十余丈。其木材质理致密,白色带黄,供建筑及器具之料。其实即柏子仁,可入药。“侧柏”亦与扁柏相类,但高不过丈余，常栽培于庭园间。“花柏”高至数丈，形状亦与扁柏相似，而材则较黄，且颇下劣，多作桶类之用。“罗汉柏”亦与扁柏相似，高自五六丈至十丈许，叶大于扁柏数倍，树皮赤褐色，木材细密呈黄白色，有光彩，用与扁柏同。此外尚有“竹柏”，李时珍《本草纲目》所谓：“峨眉山中一种竹叶柏身者，谓之竹柏。”是柏的变种。盖普通柏叶皆细长，惟此作椭圆形或卵形，干则类柏而亭直，且致密而呈白色，亦可供建筑及器具之用。

柏除材可供用子可入药以外，其叶古亦以为仙食，《汉官仪》即载有“正旦饮柏叶酒上寿”。据李时珍云：

柏性后凋而耐久，禀坚凝之质，乃多寿之木，所以可入服食。道家以之点汤常饮，元旦以之浸酒辟邪，皆取于此。麝食之而体香，毛女食之而体轻，亦其证验矣。

毛女之事，见葛洪《抱朴子》中。据云：

成帝时，猎者于终南山见一人无衣服，身皆生黑毛，跳坑越涧如飞。乃密伺其所在，合围取得，乃是一妇人。问之，言是秦之宫人，关东贼至秦，秦王出降，惊走入山，饥无所食。有一老翁教我食松柏叶实，初时苦涩，后稍便吃，遂不复饥，冬不寒，夏不热。此女是秦人，至成帝时三百余载矣。

这话当然不足置信，是柏叶酒实亦无何可取的。惟明高濂《遵生八笺》云：“柏叶汤可以代茶，夜话饮之尤醒睡。饮茶多则伤人耗精气，害脾胃；柏叶汤甚有益。”则柏叶汤倒可代茶饮的。据他所说，柏叶自以新采洗净点汤为最上，此外则：“采嫩柏叶线系垂挂一大瓮中，纸糊其口，经月，至干，取为末，如嫩草色，若见风则黄矣。”这是拿柏叶作茶叶，倒可尝试尝试的。

与松柏相似尚有“桧”，《尔雅》所谓“桧柏叶松身”，古亦作“栝”。又称为“圆柏”，以别于侧柏，如宋罗愿《尔雅翼》云：

桧一名栝，《禹贡》『荆州贡杶干栝柏』，干柘也，栝桧也，故桧兼有栝音，柏叶而松身。性能耐寒，其材大可为舟及棺椁，《左传》称『棺有翰桧』，而《淇水》『桧楫松舟』也。桧今人亦谓之『圆柏』，以别于侧柏。又有一种名『桧柏』，不甚长，其枝叶乍柏乍桧，一枝之间屡变，人家庭宇植之以为玩。

按：桧柏李时珍《本草纲目》以为“松桧相半者桧柏也”，与罗说略异。至桧之为义，前人未有解释，大约即因它是柏叶松身会合而成，故字从会罢！

桧之外又有“杉”，亦与松柏同科。于《尔雅》作“煔”，郭璞注云：“似松，生江南，可以为船及棺材作柱，埋之不腐。”《说文》又作檆，徐铉以为俗作杉非。盖杉字实为后起，古不作杉。杉的种类有三，如李时珍《本草纲目》云：

杉木叶硬微扁如刺，结实如枫实。江南人以惊蛰前后取枝插种。出日本国者谓之『倭木』，并不及蜀黔诸峒所产者尤良。其木有赤白二种：『赤杉』实而多油，『白杉』虚而干燥；有斑纹如雉者谓之『野鸡斑』，作棺尤贵。其木不生白蚁，烧灰最发火药。

今杉木用途甚广，建筑器具多由杉制。尤以福建所产为最多，即俗称“建杉”云。

二五 樟楠

Camphor Trees and Machilus Trees

樟古亦称"豫章"，今江西豫章县（现为南昌市——编者注），即因汉时郡庭中有樟木而得名。或谓豫是豫，章是章，章与樟通，如明李时珍《本草纲目》云：

> 樟，其木理多纹章，故谓之『樟』。西南处处山谷有之。木高丈余，小叶似楠而尖长，背有黄赤茸毛，四时不凋。夏开细花结小子，木大者数抱，肌理细而错纵有纹，宜于雕刻，气甚芬烈。豫樟乃二木名，一类二种也；豫即『钓樟』。

按：今植物学家亦分樟与钓樟两种，钓樟较樟为小。李氏又云：

> 樟有大小二种，紫淡二色。钓樟即樟之小者。按：郑樵《通志》云：『钓樟亦樟之类，即《尔雅》所谓榆无疵是也。』又司马相如赋云『楩楠豫章』，颜师古注云：『豫即枕木，章即樟木，二木生至七年，乃可分别。』观此则豫即《别录》所谓钓樟者也，根似乌药香，故又名『乌樟』。

盖钓樟实为落叶灌木，高仅八九尺，其木材普通作藩篱之用。若樟则为常绿乔木，高达数丈，而大更达数十围，如《宋书·符瑞志》云：“豫章有大樟树大三十五围。”《闽部疏》云：“建宁都司后园多大樟，皆十许人合抱。一树中空，可容五六人坐。槎枒下垂，俨如岩洞，不知为树也。”故较之于豫，实小巫之与大巫了。

又樟的木材，细密灰白，至老则坚硬带褐色。又其老干，环纹云样，一如影木。通常用于建筑造船及衣箱书厨文房具等，惟香气太多，故不适于食器，制箱厨最佳，以其可以避虫蛀也。又可制为樟脑，用为防腐及制造无烟火药，功用很大。其制法据胡演《升炼方》云：

煎樟脑法：用樟木新者切片，以井水浸三日三夜，入锅煎之，柳木频搅，待汁减半，柳上有白霜，即滤去滓，倾汁入瓦盆内，经宿自然结成块也。又炼樟脑法：用铜盆以陈壁土为粉糁之。却糁樟脑一重，又糁壁土，如此四五重，以薄荷安土上，再用一盆覆之。黄泥封固，于火上款款炙之，须以意度之，不可太过不及，勿令走气，候冷取出，则脑皆升于上盆。如此升两三次，可充片脑也。

按：今制樟脑法，即以薄片置器中蒸之，蒸气著于盖上，遇冷即凝而结晶，更和石灰加热精制之，便成白色粉末了。至于炼樟脑精，即以樟脑溶于酒精中加蒸水制之，为涂擦麻痹及神经痛的药物；也可内服，有兴奋的效能。

楠古本作"枏"，或作"柟"。李时珍《本草纲目》以为："南方之木，故字从南。"恐非。盖楠字本为俗体，原来并非作南旁的。且楠古又称梅，如《尔雅》"梅枏"，孙炎注云："荆州曰梅，扬州曰枏。"又《诗·秦风》："有条有梅。"据注此梅即为枏，唐陆玑《毛诗草木鸟兽虫鱼疏》所谓："荆州人曰梅，终南及新城上庸皆多樟枏，终南与上庸新城通，故亦有枏也。"则古时北方亦有楠的，何得专指为南方之木呢？又据宋罗愿《尔雅翼》云：

柟，大木也，可以为舟，又可以为棺，故古称梗柟豫章，以为良木之类。任昉『述异记』曰：『黄金山有柟木，一年东边荣西边枯，一年西边荣东边枯，张华云交让木。』宋子京云：『让木即柟也，其木直上，柯叶不相妨，蜀人号让木。』

是楠又有“让木”之称。

楠与樟相似，故陆玑有云：“柟似豫章，叶大可三四叶一丛。木理细致于豫章，子赤者材坚，子白者材脆。”李时珍则云：

楠木生南方，而黔蜀诸山尤多。其树直上，童童若幢盖之状，枝叶不相碍，叶似豫章，而大如牛耳，一头尖，经岁不凋，新陈相换。其花赤黄色，实似丁香，色青不可食。干甚端伟，高者十余丈，巨者数十围，气甚芬芳，为梁栋器物皆佳，盖良材也。色赤者坚，白者脆。其近根年深向阳者，结成草木山水之状，俗呼为『骰柏楠』，宜作器。

按：楠木今颇名贵，以之作棺，可永久不朽云。

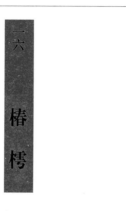

一六 椿樗

Chinese Toon Trees and Trees of Heaven

椿樗古常以为对称，以椿木佳而樗木为无用也。李时珍《本草纲目》云：

椿樗易长而多寿考，故有椿栲之称，《庄子》言『大椿以八千岁为春秋』是矣。椿香而樗臭，故椿字又作『櫄』，其气熏也。樗字从虖，其气臭，人呵嘑之也。樗亦椿音之转尔。

又云：

椿樗栲乃一木三种也。椿木皮细，肌实而赤，嫩叶香甘可茹。樗木皮粗，肌虚而白，其叶臭恶，歉年人或采食。栲木即樗之生山中者，木亦虚大，梓人亦或用之，然爪之如腐朽，故古人以为不材之木，不似椿木坚实可入栋梁也。

按:《尔雅》有“栲山樗”之说,故李氏云尔。今植物学家以椿属楝科,樗属苦木科,微有不同。椿如《庄子》所说:“以八千岁为春,八千岁为秋。”此虽指上古大椿而说,未免夸大,但确是很长寿的,因此后人便以椿为长寿之征,而称父为椿,母为萱。明王世贞《艺苑卮言》云:“今人以椿萱拟父母,当是元人传奇起耳。”惟唐人牟融诗已有“堂上椿萱雪满头”之句,则唐时已称之。至称母为萱者,以《诗·伯兮》中有“焉得谖草,言树之背”之说。谖即萱草,背为北堂,古人寝室之制,前堂后室,其由室而之内有侧阶,即所谓北堂。凡遇祭祀,主妇位于此,故北堂即指母所在之处,北堂既可树萱,遂以萱称为母。至所谓萱者,其花即现在所常吃的金针菜也。

椿的嫩芽就是俗称香椿芽,正如李时珍所谓“香甘可茹”。其皮根可入药,但似不如樗有特别惊人的奇效,据宋寇宗奭《本草衍义》云:

洛阳一女子年四十六七，耽饮无度，多食鱼蟹，畜毒在脏，日夜二三十泻，大便与脓血杂下，大肠连肛门痛不堪任。医以止血痢药不效，又以肠风药则益甚，盖肠风则有血无脓。如此半年余，气血渐弱，食减肌瘦。服热药则腹愈痛血愈下；服冷药即注泄食减，服温平药则病不知。如此期年，垂命待尽；或人教服人参散，一服知，二服减，三月脓血皆定，遂常服之而愈。其方治大肠风虚，饮酒过度，挟热下痢，脓血痛甚，多日不瘥。用樗根白皮一两，人参一两为末，每服二钱，空心温酒调服，米饮亦可。忌油腻湿面青菜果子甜物鸡猪鱼羊蒜薤等。

按：樗本为无用之材，不想入药倒还有此大用的，故特附志于此。

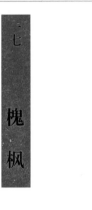

一七 槐 枫

Locust Trees and Maple Trees

槐古又作櫰，以为怀来之怀，故字音怀。按：《周礼·秋官》有云："朝士掌建邦外朝之法，面三槐，三公位焉。"注称："槐之言怀也，怀来人于此，欲与之谋。"又据《春秋纬玄命苞》云："树槐听讼其下。"注称："槐之言归，情见归实也。"盖槐颇为古人所重，故其字音如此。宋罗愿《尔雅翼》亦云：

槐者，虚星之精，其叶尤可玩，古者朝位树之，私家之朝皆植焉，晋钼麑触赵宣子庭之槐，董叔纺于范氏庭之槐，又齐景公有所爱槐使人守之，皆植于庭之验也。

按：钼麑触槐见于《左传》宣公二年，《传》云：

晋灵公不君，宣子骤谏，公患之，使钼麑贼之。晨往，寝门辟矣，盛服，将朝尚早，坐而假寐。麑退叹曰：『不忘恭敬，民之主也；贼民之主不忠，弃君之命不信，有一于此，不如此也。』触槐而死。

董叔纺槐见于《国语》，据云：

董叔将取于范氏，叔向曰：『范氏富盍已乎？』曰：『欲为系援焉。』他日，董祁愬于范献子曰：『不吾敬也。』献子执而纺于庭之槐。叔向过之，曰：『子盍为我请乎？』叔向曰：『求系既系矣，求援既援矣，欲而得之，又何请焉？』

但这些槐的故事，总不如王氏三槐之为后人所最羡称。今王姓以堂名三槐的很多，溯其由来，则实为宋时的王祜。《宋史·王旦传》云：

旦父祜，尚书兵部侍郎，以文章显于汉周之际，事太祖太宗为名臣。尝谕杜重威使无反汉，拒卢多逊害赵普之谋，以百口明符彦卿无罪，世多称其阴德。祜手植三槐于庭，曰：『吾之后世，必有为三公者，此其所以志也。』旦幼沉默，好学有文，祜器之曰：『此儿当至公相。』

其后旦果位至公相，事真宗于景德祥符之间，苏轼有《三槐堂铭》志其事。

因为槐有公相的象征，因此后人于庭园种槐很多，尤以如宋沈括《梦溪笔谈》所载，更为怪事：

学士院第三厅学士阁子，当前有一巨槐，素号槐厅。旧传居此阁者，多至入相，学士争槐厅，至有抵彻前人行李而强据之者。予为学士时，目观此事。

而唐时俗语，有："槐花黄，举子忙。"此虽指四月间槐花初开，正进士赴举之时，但何以不说他花而偏说槐花，也可知别有用意的。

槐　因为槐有公相的象征，因此后人于庭园种槐很多。

至槐之种类及功用，可观明王象晋的《群芳谱》：

槐一名櫰，有数种：有『守宫槐』，一名紫槐，似槐干弱花紫，昼合夜开。有『白槐』，似楠而叶差小。有『櫰槐』，叶大而黑。其叶细而色青绿者，直谓之『槐』。功用大略相等。木有极高大者，材实重，可作器物。有青黄白黑数色，黑者为『猪屎槐』，材不堪用。四五月开黄花，未开时状如米粒，采取曝干，炒过煎水，染黄甚鲜。其青槐花无色不堪用。七八月结实作荚如连珠，中有黑子，以子多者为好。

又据李时珍《本草纲目》云:“槐初生嫩芽,可煠熟水淘过食,亦可作饮代茶;或采槐子种畦中,采苗食之亦良。”又徐光启《农政全书》云:“晋人多食槐叶。尝见曹都谏真子述其乡先生某云,世间真味独有二种,谓槐叶煮饭,蔓菁煮饭也。”按:杜甫有《槐叶冷淘》诗,是唐人亦有以槐叶煮饭的。又槐实亦可食,据北齐颜之推《颜氏家训·养生篇》云:“庾肩吾常服槐实,年七十余,目看细字,须发犹黑。”按:《名医别录》亦云:“久服明目益气,头不白延年。”然此槐实,亦须加以改制,如梁陶弘景《本草注》所谓:“槐子以十月巳日采相连多者,新盆盛合泥,百日皮烂为水,核如大豆,服之令脑满发不白而长生。”至明高濂《遵生八笺》,则云:“于牛胆中渍浸百日阴干,每日吞一枚,百日身轻,千日白发自黑,久服通明。”是至少须服三年,方才有此奇效的。

同样为古宫殿所常植的则有“枫”。《汉宫杂记》云:“汉宫殿中植枫,故曰枫宸。”魏何晏《景福殿赋》有:“兰若充庭,槐枫被宸。”所以宋陆佃《埤雅》云:

"枣古者，王禁被以枫槐外朝之位，树九棘焉。赋曰：兰若充庭，槐枫被宸，此之谓也。"至枫之为义，《埤雅》又云："枫木厚叶弱枝善摇，故字从风，作音从风也。"

枫在古时有种种传说，此在他木为少有的。如《山海经·大荒南经》云：

有宋山者，有木生山上，名曰枫木。枫木蚩尤所弃其桎梏，是谓枫木。

是以枫木为蚩尤所弃桎梏而化成。郭注以为："蚩尤为黄帝所得，械而杀之，已摘弃其械，化而为树也，即今枫香树。"其说殊荒诞不稽，只可作为神话而已。又晋嵇含《南方草木状》云：

枫人，五岭之间多枫木，岁久则生瘤瘿。一夕遇暴雷骤雨，其树赘暗长三五尺，谓之『枫人』。越巫取之作术，有通神之验。取之不以法，则能化去。

又如唐张鷟《朝野佥载》云：

江东江西山中多有枫木人，于枫树下生，似人形，长三四尺。夜雷雨，即长与树齐，见人即缩依旧。会有人合笠于上，明日看笠子，挂在树头上。旱时欲雨，以竹束其头禊之即雨。人取以为式盘，极神验。

按：生瘤瘿或有其事，若谓见人即缩，禊之可以得雨，则未免是越巫故弄虚玄的话了。因此而联想到宋刘敬叔《异苑》(《太平广记》引)中所载一故事，虽与上述无关，而实相类：

会稽石亭埭有大枫树，其中朽空，每雨水辄满。有估客携生鲌至此，辄放一头于朽树中。村民见之，以鱼鲌非树中之物，咸神之，乃依树起室，宰牲祭祀，未尝虚日，目为『鲌父庙』。有祷请及秽慢，则祸福立至。后估客复至，大笑，乃求鲌臛食之，其神遂绝。

可知枫有何灵，全在人自迷信而已。至枫之为用，一则可供人观赏，尤以霜后叶作丹色，最为美观。杜牧《山行》所谓："远上寒山石径斜，白云深处有人家。停车坐爱枫林晚，霜叶红于二月花。"二则其树皮所流出的脂，颇有香气，俗称"枫香脂"或"白胶香"，色微白黄，虽较乳香为次，而功用亦仿佛不远，为外科一切疮疥及齿痛之用。

一八 桐漆

Tung Trees and Lacquer Trees

桐据明李时珍《本草纲目》云："桐华成筒，故谓之桐。"

桐的种类很多，今植物学家以桐为一种，梧桐为一种，油桐又为一种，各科不相连属。但我国古时，则均属于桐，如宋苏颂《本草图经》云：

桐处处有之，陆玑《草木疏》言『白桐』宜为琴瑟，云南牂牁人取花中白毳淹渍，绩以为布似毛服，谓之华布。椅即『梧桐』也。今江南人作油者即『冈桐』也，有子大于梧子。江南有『赪桐』，秋开红花无实。有『紫桐』，花如百合，实堪糖煮以啖。岭南有『刺桐』，花色深红。

但李时珍却把三者加以分别，对于前人混称不分，为之订正。他说：

陶（弘景）注：桐有四种，以无子者为青桐冈桐，有子者为梧桐白桐。寇（宗奭）注言：白桐冈桐皆无子。苏（颂）注以：冈桐为油桐。而贾思勰《齐民要术》言：『实而皮青者为梧桐，华而不实者为白桐。白桐冬结似子者，乃是明年之华房，非也。冈桐即油桐也，子大有油。』其说与陶氏相反。以今咨访，互有是否。盖『白桐』即泡桐也，叶大径尺，最易生长，皮色粗白，其木轻虚，不生虫蛀，作器物屋柱甚良。二月开花，如牵牛花而白色。结实大如巨枣，长寸余。壳内有子片，轻虚如榆荚葵实之状，老则壳裂，随风飘扬。其花紫色者，名『冈桐』。『梧桐』名义未详，《尔雅》谓之榇，因其可为棺，《左传》所谓桐棺三寸是矣。树似桐而皮青不皵。其木无节直生，理细而性柔。叶似桐而稍小，光滑有尖。其花细蕊，坠下如醭。其荚长三寸许，五片合成，老则裂开如箕，谓之橐鄂。其子缀于橐鄂上，多者五六，少或二三，子大如胡椒，其皮皱。『油桐』枝干花叶并类冈桐而小，树长亦迟，花亦微红，但其实大而圆。每实中有二子或四子，大如大风子。其肉白色，味甘而吐人，亦或谓之紫花桐。人多种莳，收子货之为油。『海桐』皮有巨刺如鼋甲之刺，或云即刺桐皮也。

按：称注者，皆指注《本草》而言。是桐仅有白桐、冈桐两种，余外似桐而称桐的，则有梧桐、油桐、海桐，其言正与今植物学家所分不谋而合，可谓明甚。又宋陈翥所撰《桐谱》，则分桐为六种，亦较明晰，兹并节附于此：

桐之类非一也，今略志其所识者。一种谓之『白花桐』，一种谓之『紫花桐』，凡二桐皮色皆一类，但花叶小异，而体性紧慢不同耳。一种谓之『油桐』，一种谓之『刺桐』，凡二桐者，虽多荣茂，而其材不可入器用，乃不为工匠之所瞻顾也。一种名『梧桐』，一种名『真桐』，亦曰『赪桐』，凡二种虽得桐之名，而无工度之用且不近贵色也。

桐的种类已如上述，大体不外乎此。至桐之为用，古则以之为琴瑟，为棺椁，为栋柱，据说都比他木为胜的，如陈翥《桐谱》云：

桐之材，则异于是。采伐不时而不蛀虫，渍湿所加而不腐败，风吹日曝而不坼裂，雨溅泥淤而不枯藓，干濡相兼而其质不变，楩楠虽类而其永不敌，与夫上所贵者卓矣，故施之大厦可以为栋梁桁柱，莫比其固，但雄豪侈靡，贵难得而尚华藻，故不见用者耳。今山家有以为桁柱地伏者，诸木屡朽，其屋两易，而桐木独坚然而不动，斯久效之验矣。又世之为棺椁，其取上者则以紫沙樣为贵，以坚而难朽，不为干湿所坏，而不知桐木为之尤愈于沙木。沙木啮钉，久而可脱，桐木则粘而不锈，久而益固，更加之以漆，措诸重壤之下，周之以石灰，与夫沙樣可数倍矣；但识者则然，亦弗为豪右所尚也。凡用琴瑟之材，虽皆用桐，必须择其可堪者。《周礼》取云和、龙门、空桑之桐为琴瑟，陶隐居云：『惟冈桐与白桐堪作琴瑟。』《书》曰：『峄阳孤桐。』《风俗通》云：『生岩石之上，采东南孙枝以为琴。』是择其泉石向阳之材，自然其声清雅而可听。蔡伯喈闻爨下桐声，取以为琴，号曰焦尾，则知桐之材有贤不肖，皆混而无别，惟赏音者识之耳。凡白花桐之材以为器，燥湿破而用之则不裂，今多以为甑杓之类，其性理慢之故也。紫花桐之材文理如梓而性紧，而不可为甑，以其易圻故也，使尤良焉。余桐之材，但有名耳，不入栋梁榱桴器具之用矣。今之僧舍有刻以为鱼者，亦白花之材也。匠氏之用尤喜紫花者，白花涩而难光净，紫花紧而易光滑故也。

陈氏所说，只指白桐紫桐，以其余桐为无用。然古人注书，言桐则多作梧桐，如《诗·定之方中》："树之榛栗，椅桐梓漆，爰伐琴瑟。"据注谓："桐，梧桐也，可以为琴瑟。"大约古时于桐种类不甚分明，故言桐辄为梧桐。今梧桐庭园街道间所植颇多，然其材实不如白桐紫桐。惟古有凤凰栖梧桐之说，如《诗·卷阿》："凤凰鸣矣，于彼高冈。梧桐生矣，于彼朝阳。"郑笺以为："凤凰之性，非梧桐不栖。"今世殆无凤凰之鸟，故是否非梧桐不栖，不得而知。惟据宋邵博《闻见后录》云："梧桐百鸟不敢栖止，避凤凰也。古语云尔，验之果然。"又据《遁甲经》云：

桐 梧桐至秋即凋，故俗有立秋日梧桐始落一叶之说。此在唐时李中有诗云：“门巷凉秋至，高梧一叶惊。”

梧桐不生，则九州异主。梧桐以知日月正闰，生十二叶，一边有六叶，从下数一叶为一月。闰则十三叶，视旧小者即知闰何月也，不生则九州异君。

这也许附会之谈，未必有此灵验的。惟梧桐至秋即凋，故俗有立秋日梧桐始落一叶之说。此在唐时李中有诗云："门巷凉秋至，高梧一叶惊。"宋司马光咏《梧桐》亦云："初闻一叶落，知是九秋来。"此外唐时又有桐叶题诗之说，如《搢绅脞说》云：

顾况于御沟流水上得一桐叶，有诗云：『一入深宫里，年年不见春。聊题一片叶，寄与有情人。』况亦题叶于流泛之，后十余日，况又得一诗，似答况者。

此后又有红叶题诗之事，如《云溪友议》记唐宣宗时卢渥得诗，《青琐高议》记唐僖宗时于祐得诗，似均由一事而传讹者，或唐时此风特盛欤？然桐叶亦遇有最不幸的，如明顾元庆《云林遗事》云：

倪元镇尝留客夜榻，恐有所秽，时出听之。一夕，闻有咳嗽声，侵晨令家僮遍觅无所得，僮虑捶楚，伪言窗外梧桐叶有唾痕者，元镇遂令剪叶弃十余里外。盖宿露所凝，讹指为唾以给之耳。

按：元镇即元末名画家倪瓒，素有洁癖，此特其一端耳。

至于油桐在现在说起来实比其他的桐为有重要价值，因它的果实可榨为油，即俗称“桐油”。油桐亦名“罂子桐”，以其果实状似罂子。今其油以产地言，有川油、襄油、南油三种。川油品高，出四川及川黔界上；襄油品最低，出汉水（襄河）上游陕鄂交界之处；南油出湘西及湘黔川三省边境。自其品质分之，有秀油、洪油、光油、黑桐油、白桐油五种：秀油出四川秀山县，洪油出湖南洪江（今会同县治），均油浓质黏，冬不凝冻，称为上品。光油色褐黑，品质燥强。黑桐油即老油，色黝黑，品质稀薄。白桐油即金油，淡黄色或淡褐色。桐油的用途，在古时以之涂船只农具并制油布油纸雨伞等，在现今则又制造假漆防水材料及种种化学工业，在工艺上应用实广。

与油桐的油同样可以涂饰器物的则有漆，其应用虽不较桐油为广，而涂物则实较桐油为美观耐久，所以家用器具，大多用漆而不用油。此二树皆为我国原产，自古就有了的。《诗经》所谓“椅桐梓漆”，已见上引。宋罗愿《尔雅翼·漆》云：

漆木汁，可以髹物，象形：桼如水滴而下。木高二三丈，叶如椿樗，皮白而心黄。六七月间，以斧斫其皮开，以竹管承之，汁滴则为漆。古者以为贡，《周礼·职方氏》：『豫州其利林漆。』传称舜造漆器，谏者数百人，盖以为奢侈，从此兴然。三代盛王相继，以为器皿，以示制度，盖备物致用，圣人之事也。

按：漆字本作桼，后以其为流汁，乃加水旁。漆有真伪之别，据李时珍云："漆以金州者为佳，故世称金漆。人多以物乱之，试诀有云：微扇光如镜，悬丝急如钩，撼成琥珀色，打著有浮沤。"盖伪者往往杂以桐油，此诀倒是不可不知的。至以漆涂物，罗云始于舜时，其说盖本于刘向《说苑》，云："舜作食器，以漆黑之。禹作祭器，漆其外而朱画其内。"今各地均有漆器出品，而以福州宁波为最。据后魏贾思勰《齐民要术》所说，漆器应常曝日，方能耐久：

凡漆器不问真伪，送客之后，皆须以水净洗，置床薄上，于日中半日许，曝之使干，下晡乃收，则坚牢耐久。若不即洗者，盐醋浸润，气彻则皱，器便坏矣。其朱里者，仰而曝之，朱本和油，性润耐日。故盛夏连雨，土气蒸热，什器之属，虽不经夏用，六七月中，各须一曝使干。世人见漆器暂在日中，恐其炙坏，合著阴润之地，虽欲爱慎，朽败更速矣。

一九 杨柳

Poplars and Willow Trees

今人多称柳为杨柳，其实杨与柳颇有分别，如明李时珍《本草纲目》云：

杨枝硬而扬起，故谓之『杨』，柳枝弱而垂流，故谓之『柳』，盖一类二种也。按：《说文》云：『楊，蒲柳也，从木昜声；柳，小杨也，从木丣声。』昜音阳，丣音酉。又《尔雅》云：『杨，蒲柳也；旄，泽柳也；柽，河柳也可称杨，故今南人犹并称杨柳。』

前乎此者，唐苏恭《唐本草》亦云："柳与水杨全不相似，水杨叶圆阔而尖，枝条短硬；柳叶狭长而青绿，枝条长软。"但杨除水杨似柳极易混称外，其他的杨则殊与柳异殊。如宋陆佃《埤雅》云：

杨柳

《唐本草》亦云:“柳与水杨全不相似,水杨叶圆阔而尖,枝条短硬;柳叶狭长而青绿,枝条长软。”但杨除水杨似柳极易混称外,其他的杨则殊与柳异殊。

蒲柳今有黄白青赤四种：『白杨』叶圆；『青杨』叶长；『赤杨』霜降则叶赤，材理亦赤；『黄杨』木性坚致难长，俗云岁长一寸，闰年倒长一寸。

按：白杨据后魏贾思勰《齐民要术》："一名高飞，一名独摇。"盖以其树为乔木，高至数丈，遇微风即自飞摇，故得此别称，其木材今多作为火柴杆及牙签之用。其种子的毛，有用于坐垫中心的。青杨即白杨之较小者，叶色青绿故名。其材可为箭。赤杨今植物学家属于桦木科，亦为乔木高至数丈。其果实及树皮，均可作染料之用。黄杨属黄杨科，乃常绿小灌木，高仅两尺许。木材坚腻，可作栉梳及刻印之用。今青杨赤杨较少见，白杨黄杨各处均有。据唐段成式《酉阳杂俎》云：

黄杨木性难长。世重黄杨以无火。或曰以水试之，沉则无火。取此木必以阴晦夜无一星，则伐之为枕不裂。青杨木出峡中，为床卧之无蚤。

则不知确实如此否?

杨在古时,并不被重视,且以为贱质及不吉之兆,如《晋书·顾悦之传》云:

悦之字君叔，少有义行，与简文同年，而发早白。帝问其故，对曰：『松柏之姿，经霜犹茂；蒲柳常质，望秋先零。』简文悦其对。

按:《世说新语》作:“蒲柳之姿,望秋而落;松柏之质,经霜弥茂。”故今称体质衰弱或自惭形秽者,辄云蒲柳之姿。又如《唐书·契苾何力传》云:

龙朔中,司稼少卿梁修仁新作大明宫,植白杨于庭,示何力曰:『此物易成,不数年可庇。』何力不答,但诵『白杨多悲风,萧萧愁杀人』之句,修仁惊悟,更植以桐。

盖白杨风来叶动,声极萧瑟悲惨,故李白亦有“肠断白杨声”之句,故庭园之间,极少有栽白杨的,而多栽于墟墓间。

至于柳,除《尔雅》有河柳泽柳外,据宋苏颂《本草图经》云:

柳，今处处有之，俗所谓杨柳者也。其类非一，『蒲柳』即水杨也，枝劲韧，可为箭笥，多生河北。『杞柳』生水傍，叶粗而白，木理微赤，可为车毂；今人取其细条，火逼令柔屈作箱箧，《孟子》所谓『杞柳为桮棬』者。鲁地及河朔尤多『柽柳』。

是又有杞柳一种，而其用颇广，至今除作箱箧外又有作书架坐椅之类，在夏时用之，颇有清凉的感觉。

柳的花为黄色，花落结子成絮，则为白色，但古人往往以柳花为柳絮，如宋杨伯嵒《臆乘》云：

柳花与柳絮，迥然不同。生于叶间成穗作鹅黄色者，花也。花既褪，就蒂结实，其实之熟，乱飞如绵者，絮也。古今吟咏，往往以絮为花，以花为絮，略无分别，可发一笑。杜工部诗有『雀啄江头黄柳花』，又有『生憎柳絮白于绵』之句，则花与絮不同，显然可见。又曰『糁径杨花铺白毡』，得非又一时卤莽而然邪？

按：因此物而称柳花白或杨花白者，实繁有徒，盖均不加细考之故。

古时送客，往往折柳以为赠别。此风实始于汉，如《三辅黄图》云："霸桥在长安东，跨水作桥，汉人送客至此桥，折柳赠别。"此为折柳赠别的最早记载者。推其原因，大约如《诗·采薇》所谓："昔我往矣，杨柳依依。"依依本是柔弱的样子，但后来也作为恋恋不舍，赠以杨柳，正表示不忍相别的意思罢！因此倒想起唐时雍陶以折柳名桥的故事，如宋计有功《唐诗纪事》(《佩文韵府》引)云：

雍陶典阳安，送客至情尽桥，问其故，左右曰：『送迎之情止此，故名。』陶命笔为一诗云：『从来只有情难尽，何事名为情尽桥？自此改名为折柳，任他离恨一条条。』

柳

古时送客，往往折柳以为赠别。此风实始于汉，如《三辅黄图》云：“霸桥在长安东，跨水作桥，汉人送客至此桥，折柳赠别。”

又唐许尧佐曾著有《章台柳传》，也是合于折柳的故事，而且最为后人所羡称，原文颇长，兹录《青琐诗话》云：

韩翃少负才名，邻居有李姓者，每将妓柳氏至其居，必邀韩同饮。既久愈狎，柳每以隙壁窥韩所往来，语李曰：『韩秀才甚贫，然所与游皆名人，是必不久贫贱。』李深颔之。一日具馔邀韩，酒酣谓韩曰：『秀才当今名士，柳氏当今名色，以名色配名士，不亦可乎？』遂命柳从坐接韩。未几成名，从辟淄青，置之都下，连三岁不果迓，寄诗曰：『章台柳，章台柳，往日依依今在否？纵使长条似旧垂，也应攀折他人手。』柳答曰：『杨柳枝，芳菲节，可恨年年赠离别。一叶随风忽报秋，纵使归来不堪折。』后果为番将沙吒利所劫。翃会入中书，道逢之，谓永诀矣。是日临淄大校置酒，疑翃不乐，具告之。有虞侯将许俊，以义烈自许，即诈取得之。时沙吒利宠殊等，翃惧祸，诉于侯希逸，以事闻诸朝，诏柳氏归翃。

按：章台原为汉长安街名，街有柳，故云。

柳古又有驱鬼之说，如后魏贾思勰《齐民要术》云：“正月旦取杨柳枝著户上，百鬼不入家。”梁宗懔《荆楚岁时记》又云：

江淮间寒食日，家家折柳插门。今州里风俗，望日祭门，先以杨柳枝插门，随枝所指，以酒脯饮食祭之。

此插柳虽不言目的为何，要亦为驱鬼辟疫而已。今此风犹然，惟改为清明日而已。至祭门的事，则已无闻。

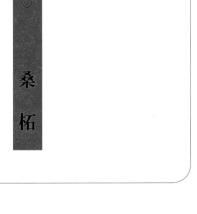

二〇 桑柘

Mulberry Trees and Silkworm Thorn Trees

桑从叒从木，其字象形。徐锴《说文系传》云："叒，木名，东方自然之神木。蚕所食神叶，故加木叒下以别之。"盖古时以日出扶桑，故有神木之称。扶桑乃其桑相扶而生之意。

桑为我国原产，自古即以桑叶饲蚕，如宋刘恕《通鉴外纪》云："西陵氏之女嫘祖，为黄帝元妃，始教民蚕桑，治丝茧，以供衣服，而天下无皴瘃之患，后世祀为先蚕。"此说虽涉荒渺，然如《诗》《书》《易》《礼》诸书言桑的事已很多，如《礼·祭义》中，就有说采桑养蚕的事，即天子诸侯也必须从事于此的：

古者天子诸侯，必有公桑蚕室，近川而为之。筑宫仞有三尺，棘墙而外闭之。及大昕之朝，君皮弁素绩，卜三宫之夫人世妇之吉者，使入蚕于蚕室，奉种浴于川，桑于公桑，风戾以食之。

可知我国提倡种桑是很早的。而且此种礼制，历代均有规定，直至清时犹复如此。

桑的种类很多，《尔雅》就有桑、女桑、山桑之别。后世又有荆桑鲁桑之分，如元王祯《农书》云：

> 桑种甚多，不可遍举，世所名者，荆与鲁也。荆桑多葚，鲁桑少葚。叶薄而尖，其边有瓣者，荆桑也，凡枝干条叶坚劲者，皆荆之类也。叶圆厚而多津者，鲁桑也，凡枝干条叶丰腴者，皆鲁之类也。荆之类根固而心实能久远，宜为树；鲁之类根不固心不实不能久远，宜为地桑。然荆之条叶不如鲁叶之盛茂，当以鲁叶条接之，则能久远而又盛茂也。鲁为地桑而有压条之法，传转无穷，是亦可以久远也。荆桑所饲蚕其丝坚韧，中沙罗用。《禹贡》称『厥篚檿丝』，注曰：『檿，山桑也。』（此荆之产而尤佳者也。）鲁桑之类宜饲大蚕，荆桑宜饲小蚕。

是荆桑即《尔雅》所谓山桑，鲁桑或即所谓桑者。至女桑实即小桑，郭璞注称“今俗呼桑树小而条长者为女桑树”是也。至明李时珍《本草纲目》则又分桑为四种，他云：“桑有数种：有白桑叶大如掌而厚，鸡桑叶花而薄，子桑先葚而后叶，山桑叶尖而长。”

桑除叶可饲蚕又可煎饮代茶外，其葚可食又可制酒，如李时珍《本草纲目》云：

葚有乌白二种。《四民月令》云：四月宜饮桑葚酒，能理百种风热。其法用葚汁三斗，重汤煮至一斗半，入白蜜二合，酥油一两，生姜一合，煮令得所，瓶收。每服一合，和酒饮之。亦可以汁熬烧酒，藏之经年味力愈佳。

至如晋干宝《搜神记》(《天中记》引)说桑为丧,那未免是神话,兹亦附载于此:

太古时,有人远征,家有一女,并马一匹。女思父,乃戏马云:『能为迎父,吾将嫁于汝。』马绝缰而去,至父所。父疑家中有故,乘之而还。马后见女,辄怒而奋击,父怪之,密问女,女具以告父。父屠马晒皮于庭。女至皮所,以足蹙之曰:『尔马而欲人为妇,自取屠剥如何?』言未竟,皮蹶然起,卷女而行。后于大树之间,得女及皮,尽化为蚕,绩于树上。世谓蚕为女儿,古之遗言也。因名其树为桑,桑言丧也。

与桑同可饲蚕的则有“柘”。据宋陆佃《埤雅》云“柘宜山石”，是柘字之从石，或者取此义的。

柘与桑不同的地方，可阅明徐光启《农政全书》：

柘木今北土处处有之。其木坚劲，皮纹细密，上多白点，枝条多有刺，叶比桑叶甚小而薄，色颇黄淡，叶梢皆三叉，亦堪饲蚕。『绵柘』刺少，叶似柿叶微小，枝叶间结实，状如楮桃而小，熟则亦有红蕊，味甘酸。

以柘叶饲蚕，据后魏贾思勰《齐民要术》云："其丝可作琴瑟等弦，清鸣响彻，胜于凡丝远矣。"《考工记》又云："弓人凡取干之道七，柘为上，竹为下。"是柘木又可制弓干的。至柘根亦可制酒，据《本草纲目》引《圣惠方》，云可治耳聋耳鸣一二十年者。其方如下：

柘根酒，用柘根二十斤，菖蒲五斗，各以水一石煮取汁五斗。故铁二十斤煅赤，以水五斗浸取清。合水一石五斗，用米二石面二斗，如常酿酒成，用真磁石三斤为末浸酒中三宿。日夜饮之，取小醉而眠，闻人声乃止。

二一 棕榈

Palm Trees

椶榈亦作棕榈，李时珍《本草纲目》以为："皮中毛缕如马之鬃鬣，故名，椶俗作棕，鬣音闾，鬣也。"古又单称椶，以榈为榈木。唐陈藏器《本草拾遗》云："榈木出安南及南海，用作床几似紫檀而色赤，性坚好。"李时珍又云："木性坚，紫红色；亦有花纹者，谓之花榈木，可作器皿扇骨诸物，俗作花梨误矣。"是此榈木与椶榈悬殊。椶榈古又称栟榈。《玉篇》又云一名蒲葵，其实蒲葵乃似椶榈而另一种，非是，说详后。椶榈的形状，即如宋苏颂《本草图经》云：

椶榈出岭南及西川，江南亦有之。木高一二丈，旁无枝条，叶大而圆，歧生枝端，有皮相重，被于四旁，每皮一匝为一节，二旬一采，皮转复生上。六七月生黄白花，八九月结实作房如鱼子黑色。九月十月采其皮木用。

其皮普通即用作绳，亦可织衣帽褥帚之类，皆很耐用，尤以作绳入水，陈藏器以为“千年不烂”，盖较他绳更为坚韧。又李时珍云：“南方此木有两种，一种有皮丝可作绳，一种小而无丝，惟叶可作帚。”至其花苞，俗称“椶鱼”，亦谓“椶笱”，苏氏谓结实作房如鱼，实误，诚如李时珍所说：“三月于木端茎中出数黄苞，苞中有细子成列，乃花之孕也，状如鱼腹孕子，谓之椶鱼，亦曰椶笱。渐长出苞，则成花穗，黄白色，结实累累，大如豆，生黄熟黑，甚坚实。”其苞本有毒，但亦可去毒而食，蜀人且以为美馔，如苏轼《椶笱》云：

> 椶笱状如鱼，剖之得鱼子，味如苦笱而加甘芳，蜀人以馔佛僧甚贵之，而南方不知也。笱生肤毳中，盖花之方孕者。正二月间可剖取，过此苦涩不可食矣。取之无害于木，而宜于饮食。法当蒸熟，所施略与笱同，蜜煮酢浸，可致千里外。

至蒲葵与椶榈甚相类似，惟其叶较椶榈为尖，其下部连接不分，且较柔薄。普通多以其叶作扇，即俗称芭蕉扇者是，实为蒲葵叶所制，并非是芭蕉叶。又可作笠或用以遮于屋顶之上。

二二 荆棘

Thorny Undergrowth

荆棘古多并称，如汉东方朔《七谏》“荆棘聚而成林”，以喻谗贼之多。今亦因处境困难，以荆棘为喻。实则荆与棘二物不同。且荆名目甚多，有草本，有木本，如晋嵇含《南方草木状》云：

荆，宁浦有三种：金荆可作枕，紫荆堪作床，白荆堪作履，与他处牡荆蔓荆全异。又彼境有牡荆，指病自愈。节不相当者，月晕时刻之，与病人身齐等，置床下，虽危困亦愈。

此所谓蔓荆即草本，余为木本。然古所称为荆者，实指牡荆，亦称为楚。李时珍《本草纲目》云：

古者刑杖以荆，故字从刑。其生成丛而疏爽，故又谓之『楚』，从林从疋，疋即疏字也，济楚之义取此。荆楚之地，因多产此而名也。

幽人贞吉

《礼记·学记》所谓:“夏楚二物,收其威也。”夏即榎木,楚即牡荆,所以扑挞犯礼者,故今称戒尺亦为夏楚。又赵廉颇负荆至蔺相如门谢罪,此荆亦即牡荆所作的鞭杖。又牡荆亦称黄荆,但与金荆不同。唐颜师古《大业拾遗》录云:

南方林邑有金荆,生于高山峻阜,大者十围,盘屈瘤蹙,文如美绵,色艳于真金,工人取用,甚精妙,贵于沉檀。

但黄荆则古时以为贱木,后汉梁鸿妻孟光,削荆为钗,最为后人羡称,因而凡称妻者,辄曰荆人、荆妇或拙荆、内荆。

与黄荆同非美材则为“棘”。棘字从两朿,朿即刺也,以其木有刺甚多,故名。

棘虽贱木而古时却又颇重视，植之于宫殿里面，如《周礼·秋官》："朝士掌建邦外朝之法，左九棘，孤卿大夫位焉，群士在其后；右九棘，公侯伯子男位焉，群吏在其后。"据注引郑锷云：

左右皆植九棘者，三孤六卿其数九，公侯伯子男其服九。棘之为物，其心赤，其刺向外，其华白，欲孤卿诸侯忠赤诚实以事上，而以洁白为义，又欲其外示威仪，使人无敢犯也。

后世则又称大理寺为"棘寺"，大理卿为"棘卿"，盖大理寺乃掌刑法的官署，犹今的大理院，为表示威严起见，故得称为棘。又试院亦称为"棘围"，如《新五代史·和凝传》云：

凝知贡举，是时进士多浮薄，喜为喧哗，以动主司。主司每放榜，则围之以棘，闭省门，绝人出入以为常。凝彻棘开门，而士皆肃然无哗，所取皆一时之秀，称为得人。

则此风或始于五代，而其后代多如是的。又《诗·凯风》有："凯风自南，吹彼棘心。"朱注云："棘小木丛生，多刺难长，而心又其稚弱而未成者也。以凯风比母，棘心比子之幼时。"因此又以居父母丧者自称为棘人了。

因既有刺，古来就多关于棘刺的故事，如《韩非子》云：

卫人能以棘刺之端为母猴，燕王说之，养之以五乘之奉。王曰：『吾试观客为棘刺之母猴。』曰：『人主欲观之，必半岁不入宫，不饮酒食肉，雨霁日出，视之晏阴之间，而棘刺之母猴乃可见也。』燕王因养卫人，不能观其母猴。郑有台下之冶者，谓燕王曰：『臣为削者也。诸微物必以削削之，而所削必大于削。今棘刺之端，不容削锋，难以治棘刺之端。王试观客之削能与不能，可知也。』王曰：『善。』谓卫人曰：『客为棘削之。』曰：『已削。』王曰：『吾欲观见之。』客曰：『臣请之舍取之。』因逃。

此固寓言，但在当时也未始没有其事，后人因此借以为夸诞者之喻。又如《晋书·顾恺之传》云：

恺之尤善丹青，图写特妙。尝悦一邻女，挑之弗从，乃图其形于壁，以棘针钉其心，女遂患心痛。恺之因致其情，女从之，遂密去针而愈。

以棘刺钉心而竟心痛，自是一种传说。大约恺之悦女的事是有的，女的心痛也是有的，钉心则必是恺之故弄虚玄以夸己而已。至如《北史·齐本纪》所云：

文宣以功业自矜，留情耽湎，肆行淫暴，征集淫妪，悉去衣裳，分付从官朝夕临视。或聚棘为马，纽草为索，逼遣乘骑，牵引来去，流血洒地，以为娱乐。

那是残忍之尤者了。棘刺竟用以为马使于乘骑，实自来所未闻的。

图书在版编目（CIP）数据

花草竹木：小精装校订本 / 杨荫深编著．—上海：上海辞书出版社，2020
（事物掌故丛谈）
ISBN 978-7-5326-5595-3

Ⅰ．①花… Ⅱ．①杨… Ⅲ．①园林植物—介绍—中国 Ⅳ．①S68

中国版本图书馆CIP数据核字（2020）第100230号

事物掌故丛谈
花草竹木（小精装校订本）
杨荫深　编著

题　　签　邓　明　篆　　刻　潘方尔
绘　　画　赵澄襄　英　　译　秦　悦

策划统筹　朱志凌　责任编辑　李婉青　特约编辑　徐　盼
整体设计　赵　瑾　版式设计　姜　明　技术编辑　楼微雯

出版发行　上海世纪出版集团
　　　　　上海辞书出版社（www.cishu.com.cn）
地　　址　上海市陕西北路457号（邮编　200040）
印　　刷　上海雅昌艺术印刷有限公司
开　　本　889×1194毫米　1/32
印　　张　6.5
插　　页　4
字　　数　86 000
版　　次　2020年8月第1版　2020年8月第1次印刷
书　　号　ISBN 978-7-5326-5595-3/S·10
定　　价　49.80元

本书如有质量问题，请与承印厂联系。电话：021-68798999